방구석 랜선 여행

우리가 사랑하는 세계 도시 01

방구석 랜선 여행

1판 1쇄 발행일	2020년 10월 30일
1판 2쇄 발행일	2022년 1월 15일
지은이	강민철, 엄지희, 여정
감수	우지경, 윤영주
펴낸이	김민희, 김준영
편집	김민희, 김준영
디자인	이유진
영업 마케팅	김영란
펴낸곳	두사람
팩스	02-6442-1718
메일	twopeople1718@gmail.com
출판등록	2016년 2월 1일

ISBN 979-11-90061-23-0 (04980) / 979-11-90061-22-3 (세트)

Published by TWOPEOPLE, Inc. Printed in Korea

우리가 사랑하는 세계 도시 01

강민철, 엄지희, 여정 지음
우지경, 윤영주 감수

방구석 랜선 여행

어디로든
아무 때나
떠난다

두사람

차례

Intro.
나에게 맞는 여행지는 어디일까?

최고의 휴양지로 꼽히는 하와이의 럭셔리 리조트, 미국

여행을 몇 번 하다 보면 내가 어떤 스타일의 여행을 좋아하는지 깨닫는다. 럭셔리한 호텔에서 호캉스를 즐기거나, 맛있는 음식을 찾아 미식 투어를 떠날 수도 있다. 또 명소란 명소는 모조리 둘러볼 정도로 한 지역을 파헤칠 수도 있다. 한 가지 확실한 것은 여행이란 내게 맞을 수록 즐겁고, 오래 기억된다는 점을 명시하자.

1. 나는 어떤 여행을 즐기는 사람일까?

여행자 대부분은 자신이 원하는 여행이 무엇인지 모른 채 여행을 시작한다. 그래서 첫 여행은 성공하기 어렵고, 모든 여행은 첫 여행 이전과 이후로 나뉜다. 실패를 줄이고 싶다면 평소 친구, 가족과 어떻게 시간을 보냈는지 돌아보자. 대중교통, 택시, 자가용 중 무엇을 더 선호하는지, 온종일 쇼핑을 즐기거나 맛집에서 식사하기 위해 기꺼이 줄을 서서 기다리는지, 미술관과 박물관을 자주 들르는지 등 나와 어울리는 여행 스타일에 대해 생각해 보자. 그에 맞는 여행지를 선택하는 일에도 연습과 노력이 필요하다.

2. 휴양지 vs 대도시

파란 바다를 바라보며 오롯이 휴식을 취하고 싶다면 휴양지가 제격. 경비와 여행 일수에 따라 하와이, 괌, 사이판, 푸켓 등 선택지는 다양하다. 반면 박물관과 미술관을 들러보고, 고급 레스토랑과 화려한 번화가에서 밤 문화도 즐기고 싶다면 뉴욕, 런던, 도쿄 등 대도시를 선택하는 편이 낫다. 도시에 깃든 오랜 역사와 옛이야기, 유적지와 건축물에 관심이 많다면 로마, 파리, 바르셀로나 등 유럽의 대도시 가운데 여행지를 결정하자.

3. 쇼핑 vs 관광 vs 액티비티

쇼핑을 선호하는 여행자라면 면세 쇼핑이 가능하거나 명품 브랜드 아웃렛이 있는 곳을 선택하면 좋다. 반면 관광이 주목적이라면 역사적인 건축물과 유명 예술 작품이 가득한 유럽, 다양한 액티비티를 부담 없이 즐길고 싶다면 동남아가 좋다.

4. 여행 경비 or 여행 일수

여행지를 고를 때에는 여행 경비와 일수도 중요한 요소다. 여행할 수 있는 기간이 일주일 미만이고 경비까지 넉넉하지 않다면 동남아, 일본 등이 무난하다. 일정이 여유롭다면 비행 거리가 먼 유럽과 미주, 남미를 선택해도 좋다. 그러나 유럽의 경우에는 지역에 따라서 물가가 천차만별이다. 경비를 절약하고 싶다면 동유럽이나 발칸반도, 코카서스를 추천하다.

5. 첫 여행에서 중요한 것은?

무난하게 첫 해외여행을 시작할 수 있는 곳은 어디일까? 아무래도 가까운 일본, 중국, 홍콩, 대만, 그리고 베트남, 태국 등이 좋다. 방대한 정보, 저렴한 물가, 짧은 비행 거리와 다양한 먹거리까지 갖춰 초보 여행자에게 추천하다. 다만 초보 여행자는 동남아 여행 시 음식이 입에 맞지 않아 고생할 수 있으니 염두에 두자. 첫 해외여행은 스스로의 여행 스타일을 파악할 수 있도록 짧은 일정으로 가까운 여행지를 선택해 보자.

Intro.
어디로든 떠나는 방구석 여행

스트라호프 수도원에서 바라 본 프라하 섬, 체코

우리는 늘 여행을 꿈꾼다. 여행을 끝내고 집으로 돌아가는 순간에도, 다음엔 어디로 떠날까 생각하곤 한다. 그러나 '떠나는 것'만이 여행은 아니다. 여행을 준비하고, 결정하고, 상상하고, 또는 책을 읽는 것으로도 여행을 떠날 수 있다.

1. 과거의 여행을 돌아보는 시간

여행은 한 번 다녀오면 그 순간을 다시 곱씹기가 의외로 어렵다. 하지만 별 의미 없이 대충 찍은 사진 한 장이 불쑥 여행의 기억을 재생시키기도 한다. '그래, 그때 이런 일이 있었지!' 하는 순간, 우리의 마음은 과거의 여행지로 향한다. 열심히 찍은 사진을 찬찬히 살펴보고, 여행지에서 쓴 일기나 사소한 기념품을 찾아보는 것만으로도 당시의 여행 감성을 떠올릴 수 있다.

2. 영화와 책으로 여행하기

런던 하면 〈노팅 힐〉, 피렌체 하면 〈냉정과 열정 사이〉, 파리 하면 〈미드나잇 인 파리〉. 여행지를 떠올리게 만드는 영화들이다. 이 밖에도 책, 다큐멘터리, 여행 예능 프로그램을 보는 건 어떨까. 이미 다녀온 곳이라면 추억을 떠올릴 수 있고, 가지 않은 곳이라면 낯선 여행지가 선사하는 설렘을 느끼며 언젠가 떠나게 될 날을 그려보게 된다. 영화는 여행지에 대한 긍정적인 이미지를 심어주고, 다큐멘터리는 유용한 정보를 준다. 그리고 책은 여행에 대한 감수성을 키워준다. 어떤 것을 접하든, 근사한 곳에서 멋지게 여행하는 상상을 하게 되지 않을까.

3. 서로의 여행을 공유해볼 것

여행을 사랑하는 사람은 우리 주변에 너무도 많다. 그리고 세상에는 우리가 아직 가보지 못한 곳이 넘쳐난다. 과거의 자유로운 여행을 꿈꾸는 이들이 삼삼오오 모여 마냥 그리운 각자의 여행에 대해 추억을 나눠보는 건 어떨까. “내가 갔던 곳은 여기야”, “거기서 마시던 와인이 정말 향긋했는데” 처럼 서로의 여행 추억을 공유하는 시간은 또 다른 여행의 출발점이기도 하다.

4. 낯선 이국의 음식과 함께

바게트를 먹다 보면 파리에서의 배낭여행 시절이 떠오른다. 베트남 쌀국수가 보이면 줄 서서 먹던 다낭의 레스토랑이 떠오르고, 코젤 다크 캔 맥주를 마시면 프라하에서 물처럼 마시던 맥주 맛이 혀끝에 맴돈다. 이처럼 여행지의 감성은 단순히 시각적인 것에서 그치지 않는다. 낯선 이국의 음식을 즐기다 보면 과거 여행에서 맛본 음식들을 상상하게 된다. 그 그리운 맛으로 여행의 감성을 채워보자.

5. 지도로 돌아 보는 여행

여행에서 빠질 수 없는 것이 바로 지도다. 배낭여행자라면 현지 인포메이션 센터에서 지도를 받아 찢어질 때까지 들고 다니며 여행하던 경험이 있을 것이다. 떠나지 못한다면 스마트폰에서 구글맵을 실행해 보자. 구글맵 트레킹으로 거리의 모습은 물론 나레이션, 현지 정보, 영상까지 더해 생생한 방구석 여행을 즐길 수 있다.

Intro.
아무 때나 즐기는 랜선 여행

오랑주리 미술관 홈페이지에서 볼 수 있는 모네의 <수련>

마음은 이미 세계 곳곳을 여행 중이지만 현실은 방구석. 떠나지 못한다고 좌절하지 말고 랜선 여행을 떠나 보자. 현지 실시간 모습을 보여주는 웹캡과 유튜브, 관광청에서 제공하는 다양한 VR, 미술관 홈페이지를 통해 온라인 전시를 감상해 보자. 이젠 마음만 먹으면 언제 어디로든 떠날 수 있다.

1. 실시간으로 떠나는 유튜브 여행

유튜브 실시간 중계로 세계 여행을 떠나보는 건 어떨까? 뉴욕의 타임스 스퀘어를 라이브로 보여주는 '어스캠(EarthCam)', 베네치아의 한적한 도시 풍경과 클래식 음악을 함께 들려주는 '아이 러브 베니스(I Love You Venice)', 남산 타워에서의 파노라마 전경을 볼 수 있는 '남산서울타워', 행복의 나라 '에버랜드 라이브' 채널까지. 영상을 보며 잠시나마 그곳으로 떠나는 상상을 해보자.

2. 두바이의 영화 같은 이야기

두바이 관광청에서는 여행자가 두바이에서 볼 수 있는 풍경, 할 수 있는 모든 액티비티를 모아 한 편의 영화처럼 제작했다. 기네스 팰트로, 케이트 허드슨, 조 샐다나가 두바이에서 겪게 되는 이야기를 다루었다. 약 8분짜리 영화를 통해 사막의 오아시스처럼 신비롭고 화려한 두바이로 순식간에 여행을 떠날 수 있다.

3. VR로 만나는 생생한 체코

체코 관광청에서는 프라하, 브르노, 플젠, 성 바르톨로메오 대성당, 프라하의 봄 국제 음악 축제 등을 VR로 제공한다. 체코 관광청 공식 블로그에서는 여행 정보는 물론 구시가지 골목 구석구석까지 살펴볼 수 있어 더욱 특별하다.

4. 스위스 웹캠으로 현지 구경하기

스위스는 도시나 산 정상에 웹캠을 설치해놓았다. 여행자가 트레킹을 하기 전 미리 날씨를 확인하는 용도이기 때문에 360도 화면으로 확인할 수는 없지만, 실시간 현장의 모습을 담은 사진으로 스위스 곳곳을 둘러보는 재미가 꽤 쏠쏠하다.

5. 프랑스 예술 산책

프랑스 관광청에서는 랜선으로 온라인 전시와 문화 유적 방문 프로그램을 제공 중이다. 베르사유 궁전의 화려한 모습과 오르세 미술관은 전시 작품은 물론 건물 내부를 360도로 둘러볼 수 있다. 신비로운 분위기를 지닌 라스코 동굴 투어 역시 관광청 사이트에서 탐방이 가능하다. 국제 레이스 패션 박물관의 섬세한 레이스 작품 전시와 지베르니 인상파 미술관의 작품까지 온라인으로 볼 수 있다.

6. 가상으로 즐기는 홍콩

홍콩관광청은 최근 홈페이지를 단장했다. 이용자를 위해 모바일 최적화 및 접근성을 강화했고, 최신 트렌드를 반영한 여행지 콘텐츠를 보강했다. 특히 최신 프로모션을 소개하는 What's New 페이지에서 홍콩관광청이 추천하는 액티비티들을 가상으로 경험할 수 있다. 홍콩 여행에 관련된 다양한 자료와 최신 소식을 제공한다.

Europe.
유럽

스페인 _ 바르셀로나, 마드리드, 세비야, 그라나다

이탈리아 _ 로마, 베네치아, 피렌체, 밀라노, 나폴리

독일 _ 베를린, 프랑크푸르트, 뮌헨

오스트리아 _ 빈

스위스 _ 루체른, 베른, 취리히

영국 _ 런던, 케임브리지

스코틀랜드 _ 에든버러

프랑스 _ 파리, 리옹, 니스

러시아 _ 모스크바, 블라디보스토크

* 큐알 코드를 스캔하면 '방구석 랜선 여행_유럽편' 유튜브로 연결

가우디의 도시

도시를 걷다 보면 가우디의 아름다운 건축물과
바르셀로나의 정열적인 분위기에 사로잡힌다.

스페인 바르셀로나 Barcelona, Spain

남유럽

01

02

03

04

스페인의 항구 도시인 바르셀로나는 유럽 축구 팬들의 성지인 동시에 세계적으로 유명한 건축가 가우디의 작품을 만날 수 있는 곳이다.

바르셀로나 여행은 카탈루냐 광장에서부터 시작된다. 지하철을 이용해도 좋지만 바르셀로나를 제대로 느끼려면 걸어 다니는 게 최고다. 해안까지 직선으로 이어진 람블라 거리를 따라 걸어가면 좌우로 레스토랑과 카페, 숍이 즐비하다. 그 중간중간 옆으로 뻗은 골목은 마치 미로처럼 복잡해서 지도 없이 들어갔다가 길을 잃기 십상이다. 13~15세기의 건축물이 고스란히 보존된 고딕 지구가 바로 이 골목길에 있다.

독특하고 아름다운 가우디 건축물은 시내 곳곳에서 볼 수 있다. 아직 건축 중인 사그라다 파밀리아 성당과 섬세하고 화려한 모자이크로 꾸며진 구엘 공원, 까사 바뜨요, 까사 밀라 등 눈을 뗄 수 없는 건축물을 만날 수 있다.

이 도시의 활력은 다양한 식자재와 해산물은 물론 생과일주스, 타파스, 하몬 등을 파는 보께리아 시장에서 정점을 찍는다. 바르셀로네타 해변에서는 휴양지의 여유로움을 즐길 수 있다. 길게 이어진 해변에 사람들이 누워 일광욕을 하고, 바다 수영을 즐긴다. 해변을 따라 조성된 산책로에서 자전거를 타고 로맨틱한 시간을 보내는 것도 추천한다. 쇼핑이 목적이라면 라로카 빌리지 아웃렛을 방문할 것. 할인된 가격의 브랜드 제품을 득템하는 재미가 쏠쏠하다.

일몰과 야경 둘 다 놓칠 수 없다면 몬주익 언덕에 오르는 것도 좋다. 세계 3대 분수 쇼 중 하나인 몬주익 마법 분수는 환상적인 저녁 시간을 보내기에 최적이다. 스페인 음식 중에서도 빠에야와 상그리아, 츄러스는 꼭 맛보자.

바르셀로나에서 해야 할 일 다섯 가지

❶ 가우디 투어로 유명한 가우디 건물 만나기
❷ 고딕 지구 산책하기
❸ 몬주익 마법 분수 쇼 감상하기
❹ 빠에야에 상그리아 마시기
❺ 바르셀로네타 해변에서 여유 즐기기

사진 설명

01 구엘 공원에서 바라본 바르셀로나 전경 **02** 사그라다 파밀리아 성당 **03** 까사 바뜨요 내부 **04** 레스토랑과 숍이 즐비한 람블라 거리 **05** 스페인 광장과 멀리 보이는 카탈루냐 미술관 **06** 여행자라면 꼭 찾아야 하는 보께리아 시장 **07** 현지인들이 사랑하는 바르셀로네타 해변

열정의
도시

마드리드는 유럽 미술사를 대표하는 훌륭한 문화유산과
생기 넘치는 밤거리가 매력적인 곳이다.

스페인 마드리드 Madrid, Spain

남유럽

01

02

03

마드리드 도심에는 푸에르타 델 솔과 마요르 광장, 알무데나 성모 대성당, 왕궁 등 과거 스페인 제국의 위상을 보여주는 중세 및 바로크 건물과 첨탑이 모여 있다. '태양의 문'이라는 뜻의 푸에르타 델 솔은 마드리드의 랜드마크다. 인파가 북적이는 광장 한구석에는 산딸기를 먹는 곰 동상이 있는데, 곰은 마드리드의 상징이기도 하다. 광장과 가까운 곳에 위치한 마드리드 왕궁은 스페인 왕실의 공식 관저이며 2,000개가 넘는 방이 있는 유럽 최대의 궁전이기도 하다. 방마다 미술품, 직물 공예품, 귀금속 장식과 악기 같은 화려한 왕실 생활의 흔적이 남아 있다.

마드리드는 예술의 도시이기도 하다. 프라도 미술관, 국립 소피아 왕비 예술센터, 티센 보르네미사 미술관은 마드리드에서 꼭 방문해야 할 곳. 특히 프라도 미술관은 15세기 이후 스페인 왕실에서 수집한 예술 작품을 보관한 곳으로 디에고 벨라스케스, 프란시스코 고야, 엘 그레코, 히에로니무스 보스, 카라바조, 알브레히트 뒤러 등 수많은 유럽 화가의 그림을 전시하고 있다.

마드리드에서는 밤에도 쉴 틈이 없다. 마드리드 사람들은 점심에 한두 시간 낮잠을 즐기고 저녁 9시나 10시쯤 되어서야 저녁을 먹는다. 게다가 새벽 5시까지 바나 클럽에서 칵테일과 타파스를 즐기며 밤을 새는 일도 적지 않다. 그래서일까, 마드리드는 유럽에서 1인당 바의 개수가 가장 많은 도시이다. 그만큼 활기 넘치는 마드리드의 밤을 보내는 방법은 무궁무진하다. 저녁에 무심코 밖에 나왔다가 왁자지껄하게 떠들고 춤추는 인파에 휩쓸려도 놀라지 말자.

마드리드에서 해야 할 일 다섯 가지

❶ 프라도 미술관 관람하기
❷ 전통 플라멩코 공연 관람하기
❸ 마요르 광장의 노천 카페에서 와인과 타파스로 브런치 즐기기
❹ 산 미겔 시장에서 쇼핑하기
❺ 산티아고 베르나베우 스타디움에서 축구 경기 관전하기

사진 설명

01 마드리드의 중심 마요르 광장 **02** 식사와 함께 플라멩코 공연을 즐길 수 있는 치니타스 카페 **03** 미식 여행을 위한 필수 방문지 산 미겔 시장 **04** 세계 3대 미술관으로 꼽히는 프라도 미술관 **05** 프라도 미술관 대표 작품 중 하나인 디에고 벨라스케스의 <시녀들> **06** 마드리드 왕궁의 메인 로비 계단

안달루시아의 심장

뜨거운 태양을 닮은 도시 세비야. 화려하고 아름다운 구시가지는 골목골목마다 정열이 가득하다.

스페인 세비야 Seville, Spain

남유럽

01

사진 설명

01 스페인 광장에서 시작해 도심을 도는 마차 **02** 히랄다 탑에서 바라본 세비야 전경 **03** 구시가지의 타파스 바 **04** 스페인 광장에서 볼 수 있는 플라멩코 공연 **05** 알카사르 궁전의 아름다운 중정

스페인 안달루시아 지방의 대표 관광지이자 정열이 가득한 도시 세비야. '가장 스페인다운 도시'라고도 불리며, 플라멩코의 발상지로도 알려져 있다. 거리의 나무엔 오렌지가 주렁주렁 열렸고, 구시가지는 언제나 여행자로 북적인다. 화려한 스페인 광장, 아름다운 알카사르 궁전, 도시 전경을 내려다볼 수 있는 히랄다 탑, 이탈리아의 탐험가 콜럼버스의 묘가 안치된 세비야 대성당까지. 역사적 건물만 둘러봐도 시간이 부족할 지경이다.

미로처럼 복잡하게 얽혀 있는 구시가지 골목길을 걷다 보면 붉은 꽃으로 장식한 가정집의 창문, 펍에서 타파스에 맥주를 마시는 사람들까지 현지인들의 일상을 엿볼 수 있다. 밤에는 절도 있는 동작으로 멋진 춤사위를 선보이는 플라멩코 공연을 놓치지 말자. 세비야 플라멩코 박물관은 세계 최초의 플라멩코 박물관으로 스페인의 전설적인 무용수 크리스티나 오요스에 의해 세워졌다. 소규모 관람 인원으로 코앞에서 공연을 즐길 수 있다. 산타크루즈 지구에 '타블라오'라는 플라멩코 전용 극장이 많다.

세비야는 여름 기온이 섭씨 40도에 육박할 만큼 덥다. 이로 인해 한낮에 휴식 시간인 시에스타를 가지는 카페, 레스토랑이 많으니, 오후 1시부터 4시 사이에는 숙소에서 푹 쉬는 편이 낫다.

세비야에서 해야 할 일 세 가지

❶ 히랄다 탑에 올라 도심 전경 감상하기
❷ 마차 타고 세비야 한 바퀴 돌아보기
❸ 플라멩코 공연 감상하기

스페인 속 이슬람 세계

이슬람과 기독교 문화가 공존하는 도시 그라나다. 예스러운 골목마다 묻어나는 낭만적인 정취는 여행자의 마음을 설레게 만든다.

스페인 그라나다 Granada, Spain

남유럽

그라나다는 이베리아반도를 800년간 점령했던 이슬람 왕조가 마지막까지 저항하며 지켰던 도시다. 15세기 스페인 세력이 그라나다를 탈환하며 최후의 이슬람 왕조는 도시를 떠났고, 18세기 왕위 계승 전쟁과 나폴레옹의 침략으로 황폐해졌다. 버려진 도시는 19세기 워싱턴 어빙의 기행기 《알함브라 궁전의 이야기》와 프란시스코 타레가의 기타 연주곡 '알함브라 궁전의 추억'으로 다시 주목 받게 되었다.

시에라 네바다 산맥의 풍경이 병풍처럼 펼쳐진 사비카 언덕 위로 이슬람 건축 예술의 걸작이라 불리는 알함브라 궁전이 자리한다. 세월을 간직한 세 개의 언덕과 미로같이 좁은 골목 사이에 위치한 알카이세리아 재래시장에는 옛 아랍의 정취가 넘실댄다. 집시들의 거주지인 사크로몬테 언덕에서는 동굴 플라멩코 공연을 즐길 수 있어 특별하다.

알함브라 궁전은 여러 건축물이 모여있는 성채 도시로 기하학적인 패턴과 캘리그라피로 장식된 건축물과 아름다운 헤네랄리페 정원, 분수 등을 살펴볼 수 있다. 알함브라 궁전을 방문했다면 맞은편 산 크리스토발 언덕에 자리한 전망대를 방문해 보자. 해 질 녘 석양에 물들어 붉게 빛나는 알함브라 궁전의 모습은 물론 어둠이 내린 뒤 불빛에 일렁이는 도시 풍경까지 한눈에 담을 수 있다.

그라나다에서 해야 할 일 세 가지

❶ 먹자골목에서 음료 주문하고 무료 타파스 맛보기
❷ 아랍 시장 알카이세리아에서 기념품 사기
❸ 집시 동굴에서 플라멩코 관람하기

사진 설명

01 산 크리스토발 언덕에서 바라 본 알함브라 궁전 **02** 알함브라 나스르 궁에서 바라본 풍경 **03** 알함브라 궁전에서 가장 아름다운 정원 헤네랄리페 **04** 이국적 분위기의 아랍 시장 알카이세리아 **05** 집시 동굴에서 즐기는 플라멩코 공연 **06** 음료를 시키면 나오는 무료 타파스

03

04

05

06

Special.

스페인 대표 먹거리 6

타파스 Tapas

미식의 나라 스페인에는 지중해의 신선한 해산물과 품질 좋은 고기로 만든 요리가 다양하다. 마늘 등 우리에게 친숙한 식자재가 들어간 음식이 많아 입맛에도 잘 맞는다. 타파스는 작은 접시에 담긴 모든 음식을 일컫는데, 해가 긴 스페인의 특성상 하루에도 여러 번에 걸쳐 나눠 즐긴다.

핀초스 Pinchos

얇게 썬 바게트 위에 해산물, 고기, 채소 등의 식자재가 올라간 것으로 타파스의 한 형태다. 음식이 맛있기로 유명한 스페인 북부에서 탄생한 음식으로 종류가 무궁무진하다. 빵 위에 재료를 핀(이쑤시개)으로 고정된 모양 때문에 핀초스라 불리게 됐다.

빠에야 Paella

빠에야는 쌀과 여러 가지 재료가 들어가 스페인식 볶음밥으로 불린다. 발렌시아의 전통 요리로 '빠에예라'라는 얇은 빠에야 전용 팬에 쌀과 고기를 넣고 오랜 시간 조리고 볶아 완성한다. 해산물이 들어간 시푸드 빠에야부터 오징어 먹물이 들어가 까만 먹물 빠에야까지 종류가 다양하며 우리 입맛에도 맞다.

하몬 Jamon

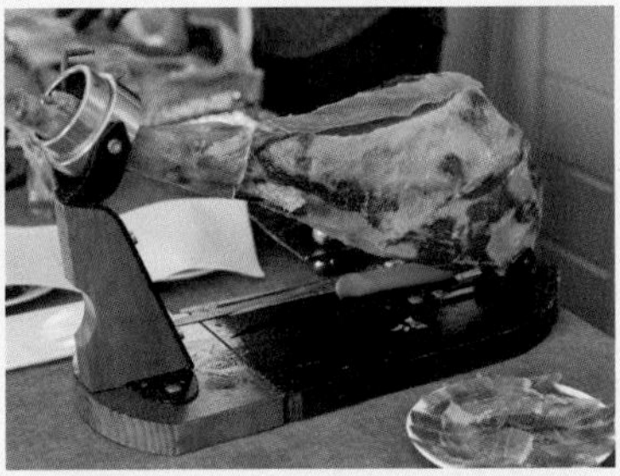

하몬은 이베리코 돼지의 뒷다리를 소금에 절여 건조해 만드는 생햄이다. 스페인 사람들이 가장 좋아하는 음식으로 특유의 꿉꿉한 냄새로 인해 호불호가 크게 갈리지만 그 맛에 빠지면 멈출 수 없다. 제대로 즐기기 위해서는 얇게 썬 '하몬 이베리코 데 베요타'라는 최상급 하몬을 손가락으로 집어 먹어야 한다.

상그리아 Sangria

상그리아는 스페인을 대표하는 음료로 레드 와인에 과일과 레모네이드, 설탕 등을 섞어 만든다. 서너 시간에서 하루 정도 숙성시키기 때문에 와인 맛이 중화되어 부드러워진다. 과일 향이 감돌고 상큼한 맛이 나 타파스와 환상적인 조화를 이룬다.

가스파초 Gazpacho

가스파초는 토마토 냉수프로 남부 안달루시아 지방에서 유래된 음식이다. 토마토와 파프리카, 오이 등 제철 채소와 빵, 올리브 오일, 식초 등을 넣어 만든다. 가열 없이 뚝딱 만들어 조리가 간편하며 새콤한 맛이 나 식욕을 돋워 식전 음식으로 주로 여름에 먹는다. 가볍게 한 끼 식사로도 충분하다.

도시 전체가
거대한 박물관

고대 유적과 아름다운 건축물이 가득한 로마.
전 세계 사람을 사로잡은 풍성한 볼거리와 먹거리가
여행자를 더욱 설레게 한다.

이탈리아 로마 Rome, Italy

남유럽

01

02

03

04

도시 전체가 마치 하나의 거대한 박물관인 듯한 고대 유적 도시 로마. 전 세계에서 수많은 여행자가 몰려오는 만큼 소매치기와 집시 또한 많지만 죽기 전에 꼭 한 번은 들러야 할 도시다. 땅을 파면 계속 유적이 나와서 지하철조차 제대로 만들지 못했을 정도로 유적이 풍부하다 보니, 주요 명소를 다 방문하기 위해서는 여행 루트를 확실하게 짜야 한다.

이탈리아 하면 떠오르는 콜로세움, 늘 인파로 붐비는 스페인 광장, 동전을 던지면 소원이 이뤄진다는 트레비 분수, 세계에서 가장 작은 나라인 바티칸 등 놓칠 수 없는 관광 명소가 한가득이다. TV에서만 보았던 진실의 입에 손을 넣어볼 기회도 있고, 베네치아 광장과 공화국 광장의 웅장한 아름다움을 직접 확인할 수도 있다. 특히 바티칸 시국으로 들어가면 〈피에타〉, 〈천지창조〉 등 명작을 만날 수 있다.

로마의 3대 젤라토 가게를 모두 방문한 뒤 맛을 비교해보는 건 어떨까. 노른자로 고소하게 만든 이탈리아식 까르보나라 파스타에 피자, 이탈리아 와인까지 곁들이며 하루를 마무리하자. 커피가 맛있는 카페 타짜도르에서 에스프레소에 설탕 한 스푼을 넣고 홀짝이면 눈앞에 천국이 그려진다. 밤이 되면 큰 광장을 중심으로 산책을 즐기는 것도 추천한다. 조명으로 빛나는 도시는 낮보다 더 화려하고 아름답다.

로마에서 해야 할 일 다섯 가지

❶ 바티칸 투어하기
❷ 쿠폴라 꼭대기에서 열쇠 모양 광장 바라보기
❸ 3대 젤라토, 3대 카페 방문하기
❹ 트레비 분수에서 동전 던지기
❺ 포로 로마노 둘러보기

사진 설명

01 콜로세움 외부 **02** 3대 젤라토 중 하나인 지올리티 **03** 여행자들의 필수 방문지 스페인 광장 전경 **04** 트레비 분수에서 동전 던지기는 필수 **05** 잔 로렌초 베르니니의 〈프로세피나의 납치〉, 보르게세 미술관 **06** 바티칸 쿠폴라 꼭대기에서 바라본 전경 **07** 로마 제국의 영광을 간직한 포로 로마노

06

07

매혹적인
수상 도시

물의 도시 베네치아에서 곤돌라를 타고 운하의 풍경을 느껴보자. 이제껏 경험하지 못했던 낭만을 느낄 수 있다.

이탈리아 베네치아 Venice, Italy

남유럽

01

02

03

베네치아는 갯벌 위에 수백만 개의 통나무 말뚝을 박아 만든 기반 위에 세운 도시다. 베네치아 본섬은 뱀처럼 구부러진 대운하가 섬을 반으로 나누고 있는데, 대운하는 일부러 파낸 수로가 아니라 갯벌 사이를 흐르는 물길을 그대로 둔 것이다.

대운하 주변에는 13~18세기에 건설된 화려한 궁전이나 성당이 줄지어 있고, 운하와 연결되는 포구를 갖춘 건물도 많다. 이처럼 물길을 따라 크고 작은 운하가 도시 전체에 흐르고, 그 위로 곤돌리에가 노를 젓는 곤돌라가 유유히 떠다닌다. 도로 대신 수로와 운하가 길 역할을 해 마치 도시가 물 위에 떠 있는 것처럼 보이기도 한다. 본섬에서는 자동차나 자전거 등 바퀴 달린 탈것을 이용할 수 없어서 주민들과 여행자들은 보통 '바포레토'라고 하는 수상 버스를 타고 대운하와 섬 주변을 다닌다.

산 마르코 광장은 베네치아의 심장부에 해당하는 곳이다. 산 마르코 대성당, 시계탑과 종탑, 옛 베네치아 공화국 총독의 관저였던 두칼레 궁전, 현재 박물관으로 쓰이는 관청 아케이드가 광장을 둘러싸고 있다. 산 마르코 대성당은 고딕 양식의 첨탑과 로마네스크 양식의 정문, 비잔티움 모자이크로 장식된 내부 등 복합적인 구성을 띄고 있는데, 여러 나라와 교역해 왔던 옛 베네치아 공화국의 역사를 반영한다.

한편 베네치아 거리 곳곳에는 전통적인 선술집인 바카리가 많다. 박물관과 성당을 둘러보느라 지쳤다면 바깥 자리에 앉아 스프리츠 칵테일이나 커피를 마셔보자. 베네치아가 기원인 벨리니 칵테일도 좋다. 특히 작은 빵 조각에 치즈나 햄, 해산물을 얹어 먹는 핑거푸드인 치케티도 유명하다.

베네치아에서 해야 할 일 다섯 가지

❶ 곤돌라 투어하기
❷ 스프리츠 칵테일과 치케티 즐기기
❸ 아카데미아 미술관에서 그림 감상하기
❹ 무라노섬에서 유리 공예품 쇼핑하기
❺ 산 비달 성당에서 비발디의 '사계' 연주 감상하기

04

05

06

사진 설명

01 대운하와 멀리 보이는 산타 마리아 델라 살루테 **02** 산 마르코 광장의 산 마르코 종탑과 두칼레 궁전 **03** 운하를 사이에 두고 알록달록한 건물이 늘어선 부라노 풍경 **04** 베네치아의 랜드마크 리알토 다리 **05** 산 비달 성당의 비토레 카르파초 그림 **06** 산 마르코 대성당 내부의 황금 돔

아름답게 핀
르네상스의 꽃

'꽃의 도시'라는 별명을 가진 피렌체. 르네상스를 이끌며 꽃 피운 찬란한 문화를 느껴 보자.

이탈리아 피렌체 Florence, Italy

남유럽

01

02

03

04

이탈리아 르네상스 문화의 흔적이 고스란히 남아 있는 피렌체는 두 발로 뚜벅뚜벅 걸어서 둘러보아야만 한다. 시내 중앙에는 아르노강이 가로지르고, 상점 건물이 다닥다닥 붙어 있는 독특한 외관의 베키오 다리는 언제나 많은 사람으로 붐빈다. 회백색 외벽이 고풍스러운 두오모 성당은 우아한 분위기로 사람들을 매료시킨다.

다양한 제품을 저렴하게 구매할 수 있는 가죽 시장에서 작은 크로스백이나 동전 지갑을 쇼핑하고 근처 중앙시장에서 파는 곱창버거로 점심을 즐겨도 좋다. 100년 넘는 전통을 자랑하는 카페 질리에서 티라미수와 에스프레소를 즐기는 경험도 특별할 것이다.

산드로 보티첼리의 〈비너스의 탄생〉을 비롯한 다양한 예술 작품을 소장 중인 우피치 미술관은 줄을 서서라도 꼭 관람할 것. 유럽 르네상스의 대표 예술 작품이 가득한 이 미술관은 메디치 가문의 저택이기도 해 당시 귀족의 집이 얼마나 화려했는지도 확인할 수 있다. 다비드상과 더불어 수많은 조각상이 서 있는 시뇨리아 광장은 만남의 장소이기 전에 마치 하나의 거대한 야외 갤러리 같다.

피렌체의 밤 역시 특별하다. 은은한 빛에 둘러싸인 신비로운 대성당 꼭대기에 오르면 붉은색 지붕이 끝도 없이 펼쳐져 가슴을 벅차게 만든다. 성당 옆 조토의 종탑에 올라가볼 수도 있다.

베키오 궁전, 회전목마가 유유히 돌아가는 공화국 광장, 산 로렌초 성당 등 아름다운 곳이 너무나도 많은 피렌체. 소매치기와 집시들이 곳곳에 있지만, 이탈리아의 다른 도시에 비하면 치안이 좋은 편. 낮에는 여행자로 가득한 활기찬 분위기를, 밤에는 미켈란젤로 광장에서 야경을 즐겨보자.

피렌체에서 해야 할 일 다섯 가지

❶ 두오모 성당 꼭대기에 올라가기
❷ 미켈란젤로 광장에서 도시 전망 바라보기
❸ 우피치 미술관 관람하기
❹ 가죽 시장에서 기념품 쇼핑하기
❺ 100년 카페 질리에서 커피 맛보기

사진 설명

01 산타 마리아 델 피오레 대성당과 산 조반니 세례당 **02** 미켈란젤로 언덕에서 본 도심 전경 **03** 현지인들도 즐겨찾는 시뇨리아 광장 **04** 100년 전통의 카페 질리 **05** 보티첼리의 <라프리마베라>, 우피치 미술관 **06** 아르노강의 베키오 다리 모습

05

06

조금 더 새로운
이탈리아

세련된 비즈니스 도시 밀라노는 현대 이탈리아를 가장 생생하게 느낄 수 있는 곳이다.

이탈리아 밀라노 Milan, Italy

남유럽

02

03

04

장대한 고대 신전을 닮은 밀라노 중앙역에서 나오면 세련된 고층 건물과 조명 광고판, 넓은 대로가 있는 도심 광경이 펼쳐진다. 한때 로마 제국의 수도이기도 했고, 중세와 르네상스 시대에는 강력한 공국을 이루며 독자적인 문화를 꽃피운 밀라노. 이제는 현대 이탈리아를 상징하는 도시이자 패션의 중심지로 유명하다.

다른 이탈리아 도시와 마찬가지로 '두오모'라고 부르는 밀라노 대성당은 세계에서 가장 큰 고딕 성당 가운데 하나다. 대성당 옥상에 삐쭉 솟아 있는 135개 첨탑은 고딕 양식의 진수를 보여 준다. 또한 이곳에서 보는 도심 전경이 아름다우니 꼭 둘러보자.

웅장한 스포르체스코 성에서는 미켈란젤로, 안드레아 만테냐, 레오나르도 다 빈치의 예술 작품을 감상할 수 있다. 아르투로 토스카니니와 클라우디오 아바도 같은 클래식 음악 거장들이 지휘했던 스칼라 극장, 화려한 바로크 양식의 아케이드가 펼쳐진 갤러리아 비토리오 에마누엘레, 근대 이탈리아 건축의 장엄한 표본인 피렐리 타워도 방문해 보길 추천한다.

밀라노에서 해야 할 일 세 가지

❶ 산타 마리아 델레 그라시에 성당에서 레오나르도 다 빈치의 〈최후의 만찬〉 감상하기
❷ 갤러리아 비토리오 에마누엘레에서 명품 쇼핑하기
❸ 밀라네제 스테이크와 리소토 먹어보기

사진 설명

01 명품 상점이 즐비한 갤러리아 비토리오 에마누엘레 **02** 레오나르도 다 빈치의 〈최후의 만찬〉, 산타 마리아 델레 그라치에 성당 **03** 밀라노 대성당 **04** 1778년에 문을 연 세계 최고의 오페라 극장인 스칼라 **05** 밀라노 거리 풍경

치명적인 아름다움

세계 3대 미항과 마피아의 도시라는 수식어가 공존하는 곳.
아름다워서 더욱 치명적인 나폴리의 매력은 확고하다.

이탈리아 나폴리 Naples, Italy

남유럽

01

Gran Caffè

나폴리에 대해 내려오는 이야기는 두 가지다. 지중해의 푸른 바다를 품은 아름다운 도시 혹은 위험한 마피아들의 도시. 둘 다 틀린 말은 아니다. 세계 3대 미항이라고 알려진 나폴리의 산타루치아 항구에는 끊임없이 배가 드나든다. 짙은 황토 빛깔의 건물이 도시를 이루고, 좁고 구불구불한 골목을 걷다 보면 그 아름다움에 길을 잃기에 십상이다. 마피아의 도시인 만큼 스스로의 안전은 지켜야 하지만 친절한 시민도 많으니 크게 걱정할 필요는 없다.

바다의 유명세에 가려져 있지만 나폴리에도 유적지가 많다. 나폴리 왕궁의 웅장한 건물 앞으로 뻗은 넓은 광장, 돔으로 이루어진 천장이 매우 아름다운 움베르토 갤러리아와 왁자지껄한 톨레도 거리, 카스텔 누오보, 카스텔 델로보의 유적은 고즈넉한 분위기를 풍긴다. 산 텔모 성에서 내려다보는 도시의 전망은 다른 이탈리아 도시와는 느낌이 다르다.

나폴리식 화덕 피자는 반드시 먹어 보자. 토마토소스를 바른 쫀득한 도우와 고소한 치즈, 향긋한 바질의 풍미는 감동을 준다.

나폴리에서 해야 할 세 가지

❶ 나폴리의 마르게리타 피자 맛보기
❷ 산 텔모 성에서 도시 전망 내려다보기
❸ 구시가지 산책하기

사진 설명

01 언덕 위에서 바라본 나폴리 구시가지와 항구 전경 **02** 왕궁과 산 프란체스코 다 파올라 교회의 열주로 둘러싸인 플레비시토 광장 **03** 나폴리 여행의 필수 코스 갤러리아 움베르토 1세 **04** 여행 중 빼놓을 수 없는 나폴리식 화덕 피자 **05** 산 텔모 성에서 본 전경

Special.

이탈리아 아름다운 소도시 6

친퀘테레 Cinque Terre - 북부

이탈리아 북서부 해안가에 위치하며 알록달록한 집들이 옹기종기 모여 있다. '다섯 개의 땅'이라는 뜻의 친퀘테레는 해안 절벽에 들어선 아름다운 다섯 마을을 일컫는다. 제각각 다른 매력을 뽐내는 마을들은 기차를 타거나 걸어서 방문할 수 있다. 어느 곳에서 사진 찍더라도 인생 사진이 된다.

베로나 Verona - 북부

이탈리아에서 가장 로맨틱한 도시. 《로미오와 줄리엣》의 배경지가 된 베로나는 사랑의 발자취를 따라 낭만적인 분위기를 만끽하려는 사람들로 북적인다. 매년 여름이면 오페라 축제인 '베로나 페스티벌'이 열리는데 2000년 역사의 로마 원형경기장에서 오페라 공연을 관람하는 호사를 누릴 수 있다.

시르미오네 Sirmione - 북부

시르미오네는 알프스의 만년설이 녹아 형성된 가루다 호수와 온천이 있어 로마 시대부터 귀족들의 휴양지로 사랑받았다. 이탈리아 북부 3대 호수 중 하나로 꼽히는 가르다 호수는 중세에 지어진 성 '로카 스칼리제라'와 조화를 이뤄 동화 같은 풍경을 자아낸다.

아시시 Assisi - 중부

성스러운 마을 아시시는 '빈자의 성인'으로 불리는 프란체스코 성인의 고향이다. 조용하고 소박한 매력을 품고 있는 마을로 순례를 위해 찾는 사람이 많지만 휴식이 필요한 여행자가 머무르기에도 좋다. 마을에서 가장 높은 언덕에 자리한 요새에 오르면 탁 트인 움브리아 평원 절경을 감상할 수 있다.

산 지미냐노 San Gimignano - 중부

탑의 도시로 불리는 산 지미냐노. 하늘을 향해 우뚝 솟은 14개의 탑과 성곽으로 둘러싸여 있는 이곳은 아름다운 중세 모습을 잘 간직하고 있어 유네스코 유산에 등재되었다. 와인 산지인 토스카나주에 위치하며 목가적이고 낭만적인 풍경이 녹아있어 일상에 지친 사람들의 힐링 여행지로 각광받고 있다.

포지타노 Positano - 남부

이국적인 정취가 넘실대는 포지타노는 이탈리아 남부 아말피 코스트에 속한 11개의 마을 중 가장 인기 있는 곳이다. 절벽에 자리 잡은 파스텔 톤 주택들 사이로 들어선 하얀 골목을 따라 내려오면 쪽빛 바다를 마주한 작은 해변에 닿는다. 지중해의 낭만을 오롯이 즐길 수 있다.

역사, 문화,
예술의 하모니

낮에는 독일의 역사와 방대한 예술 문화를 만나고,
밤에는 맥주 한 잔에 여행의 피로를 날려버리는 곳.

독일 베를린 Berlin, Germany

중부유럽

02

03

04

독일을 여행하려면 가장 먼저 베를린부터 들러야 한다. 제2차 세계대전의 전범국이자 분단국가였던 독일의 역사와 예술, 문화까지 단번에 만날 수 있기 때문이다. 시내 한가운데를 가로지르는 슈프레강, 남성미가 물씬 풍기는 도시 분위기 등에서 웅장하고 거대한 느낌을 받을 수 있다.

베를린의 상징과도 같은 브란덴부르크의 문은 꼭 방문해 보자. 분단국가 시절 동베를린과 서베를린을 가르던 검문소 체크포인트 찰리와 베를린 장벽의 흔적을 보며 역사의 한 장면을 마주하는 것도 특별한 의미가 있다. 특히 이스트 사이드 갤러리는 베를린 장벽을 예술로 승화시킨 야외 미술관이다. 독일의 아픈 상처를 담은 유대인 박물관과 유대인 학살 추모 공원은 잊지 말고 찾아가야 한다. 독일의 과거와 현재를 이해하기에 가장 좋은 곳이다.

오늘날의 독일을 만나고 싶다면 포츠담 광장 주변을 둘러보고, 예술에 관심이 깊다면 박물관섬에 찾아가자. 도시를 대표하는 구박물관, 신박물관, 보데 박물관, 페르가몬 박물관, 구 국립 미술관을 한곳에서 만날 수 있어 더욱 유익하다. 특히, 주말에는 대중교통이 24시간 운영되므로 베를린의 밤 문화를 즐기고 싶다면 여행 일정에 주말을 꼭 끼워넣자.

물, 보리, 홉 외에 아무것도 넣지 않는 맥주 순수령을 지키는 독일 맥주는 당연히 기회가 될 때마다 마셔야 한다. 독일의 음식인 슈니첼, 슈바인스학세와 소시지 등은 맥주 안주로도 훌륭하다. 굵직한 소금이 표면에 콕콕 박혀 있는 프레첼 빵으로 아침을 즐겨 보는 것도 좋다.

베를린에서 해야 할 일 다섯 가지

❶ 베를린 맥주 즐기기
❷ 박물관섬에서 온종일 예술 감상하기
❸ 유대인 학살 추모 공원 방문하기
❹ 이스트 사이드 갤러리 방문하기
❺ 쿠담 거리에서 신나게 쇼핑 즐기기

사진 설명

01 베를린 대성당 부근 공원, 박물관섬 **02** 슈프레강과 중앙에 TV 타워가 보이는 도심 전경 **03** 남아 있는 베를린 장벽 **04** 베를린의 인기 맥주 베를리너 필스너 **05** 빛 축제 기간 중 베를린 대성당 **06** 건축가 피터 아이젠만이 설계한 유대인 학살 추모 공원

05

06

맥주와 소시지의 환상 조합

역사적인 목조 건물이 빙 둘러싼 광장에 앉아 소시지에 맥주 한 잔 곁들이면 여행의 정취가 한껏 고조된다.

독일 프랑크푸르트 Frankfurt, Germany

중부유럽

02

03

04

유럽의 금융 도시로 알려진 프랑크푸르트. 마인강이 흐르는 시내 광장에선 사람들이 앉아 맥주를 마신다. 언뜻 보면 빌딩 숲을 이룬 듯 보이지만 구시가지는 옛 모습을 고스란히 간직하고 있다.

프랑크푸르트 여행은 뢰머 광장에서 시작해보자. 15~16세기에 지어진 그림 같은 목조 건물에는 신선한 맥주를 파는 펍, 카페, 레스토랑이 가득하다. 고딕 양식의 모습을 잘 간직한 프랑크푸르트 대성당의 웅장한 모습은 보는 이를 압도하고, 바로 앞 마인강을 따라 조성된 산책로엔 사람들이 항상 붐빈다.

강 건너편 작센하우젠 지구로 들어서면 아기자기한 분위기의 건물이 늘어서 있다. 근처에는 박물관 9개가 모여 있는 박물관 거리도 있다. 맥주에 프랑크푸르트 소시지를 먹으며 하루를 마무리하는 것만으로도 여행은 충분히 즐거울 것이다.

프랑크푸르트에서 해야 할 일 세 가지

❶ 뢰머 광장에서 구시가지까지 산책하기
❷ 맥주와 프랑크푸르트 소시지 즐기기
❸ 박물관 거리의 박물관 관람하기

사진 설명

01 뢰머 광장에서 즐기는 맥주 **02** 프랑크푸르트 대성당 야경 **03** 마인강과 아이제르너 다리 **04** 구도심의 중심에 자리한 뢰머 광장 **05** 프랑크푸르드 역사박물관 내부

옥토버페스트의
도시

독일에서 세 번째로 큰 도시로 문화, 예술, 스포츠가 발달해
보고 즐길거리가 많다. 옥토버페스트의 도시로 유명하다.

독일 뮌헨 Munich, Germany

중부유럽

01

02

03

04

Maßstab seiner Klasse.
The standard in its class.
Zeichen der Zeit.
Sign of the times.
Dynamik und Eleganz.
Dynamic performance and elegance.

독일 남부 바이에른의 중심지인 뮌헨은 중세 시대부터 독자적인 문화를 꽃피웠다. 또 세계적으로 유명한 옥토버페스트의 고장이기도 하다. 매년 10월이 되면 테레지엔비제 광장에는 뮌헨의 대형 맥주홀들이 각자 대형 천막을 설치한다. 여기서 제공되는 맥주는 훨씬 진하고 도수가 높아 진짜 독일 맥주를 맛볼 수 있는 좋은 기회다. 소형 천막에서는 프레츨, 치킨 로스트, 진저브레드 같은 바이에른 전통 음식도 함께 판매해 맥주와 함께 즐길 수 있다.

마리엔 광장은 신시청사나 프라우엔 교회 등 아름다운 고딕 건축물의 전시장 같은 곳이다. 대다수 건물들은 제2차 세계대전 당시 연합군의 공습으로 심하게 파괴되어 이후 재건되었다. 신시청사 외벽에 있는 정교한 인형 시계인 글로켄슈필도 놓치지 말자.

공학 기술의 중심지이기도 한 뮌헨에는 세계 최대의 과학 기술 박물관인 독일 박물관이 있다. 이곳에는 교통, 우주, 항공, 인쇄 등과 관련된 방대한 전시물이 있어 과학 기술의 발전 과정을 알아볼 수 있다. 또 자동차 매니아라면 BMW 박물관과 벤츠 센터에 방문해서 초기 자동차부터 최신 스포츠카까지 구경할 수 있다.

뮌헨에서 꼭 해야 할 세 가지

❶ 옥토버페스트에서 맥주 마시기
❷ 하루 종일 박물관 관람하기
❸ 도심 산책 즐기기

사진 설명

01 테레지엔비제 광장의 맥주 천막, 옥토버페스트 02 마리엔 광장의 프라우엔 교회 03 세계 최대 규모의 과학 기술 박물관인 독일 박물관 04 남자들의 로망 BMW 박물관 05 옥토버페스트를 즐기는 사람들

Special.

독일 지역별 맥주 베스트 6

베를리너 바이세

Berliner Weisse - 베를린

베를린에서만 양조하는 맥주로 젖산 발효로 단맛 없이 시큼하면서도 깨끗한 맛이 난다. 이 맥주를 맛본 나폴레옹이 '북쪽의 샴페인'으로 불렀다는 일화가 유명하다. 병맥주로만 만들어지는데 베를린에서는 달콤한 시럽을 넣어 칵테일처럼 마신다.

바이스비어 Weissbier - 뮌헨

바이스비어는 시큼하면서도 쌉쌀한 맛이 일품인 밀맥주. 뮌헨의 바이에른 지역은 독일을 맥주 강국으로 만든 일등 공신 '맥주 순수령'이 탄생한 지역으로, 이곳 밀맥주는 최상의 맛을 자랑한다. 라거맥주보다 부드럽고 특유의 향긋함이 있어 선호하는 애주가가 많다.

라우흐비어 Rauchbier - 밤베르크

밤베르크의 라우흐비어는 일명 '훈제 맥주'로 불린다. 과거 밤베르크 양조장에 불이 나 맥아가 타버렸고, 양조장의 주인은 맥아를 버리기가 아까워 타고 남은 맥아로 맥주를 만들었다고 한다. 이렇게 탄생한 훈제 맥주는 쌉싸름하고 묵직한 맛이 나며, 훈연 향이 진해 안주 없이 마시기에도 좋다.

알트비어 Altbier - 뒤셀도르프

뒤셀도르프의 자존심으로 불리는 알트비어는 '오래된 맥주'라는 뜻으로 라거맥주가 등장하기 이전부터 사랑 받던 독일 전통 맥주다. 에일맥주이지만 에일과 라거의 중간 맛이 난다. 2~3개월 정도 장기간 저온 숙성을 거쳐 맛이 깔끔하다.

쾰시비어 Kölschbier - 쾰른

쾰시비어는 쾰른 지역에서만 양조되는 맥주다. 에일맥주로 상온에서 숙성하지만, 발효 과정 중 온도를 낮춰 2차 숙성을 한다. 그 덕분에 라거처럼 맛이 청량하다. 뒤셀도르프의 알트비어와 라이벌 맥주로 불리는데 전 세계에서 유일하게 원산지 명칭 보호를 허가받은 맥주다.

슈바르츠비어 Schwarzbier - 튀링겐

슈바르츠비어는 독일어로 '검은 맥주'를 뜻한다. 쾨스트리처 슈바르츠비어는 튀링겐주에서 생산되는 흑맥주로 독일의 대문호 괴테와 철혈 재상으로 불리는 비스마르크가 즐겼던 맥주로 유명하다. 신맛과 단맛, 스모키한 향이 부드럽게 어우러져 독일 흑맥주 중 가장 인기 있다.

음악과 커피의 도시

클림트의 그림과 오케스트라 음악에 감동하고,
달콤한 커피로 여행의 피로를 달래다 보면 빈의 하루는
금세 저문다.

오스트리아 빈 Vienna, Austria

중부유럽

01

02

03

VAPIANO
KURIER
Gösser
GASTHAUS
OPER
walfischg.3
TÜV
STARBUCKS COFFEE
04

오스트리아의 수도 빈은 영어식 지명인 '비엔나'로 더 익숙하다. 빈은 슈베르트, 모차르트를 배출한 유럽의 대표적 음악 도시로 빈 필하모닉 오케스트라, 빈 소년 합창단의 공연으로도 유명하다.

빈 여행은 케른트너 거리에서 시작해보면 어떨까. 오스트리아에서 가장 멋진 고딕 양식 건물 슈테판 대성당과 빈 국립 오페라 극장은 물론, 화려한 명품 브랜드 숍도 함께 둘러볼 수 있다. 인형 12개가 시간을 알려주는 앙커우어 인형시계까지 보고 오는 것도 좋다.

벨베데레 궁전에서 클림트의 대표작인 〈키스〉와 에곤 실레의 풍경화를 반드시 감상해보자. 그림처럼 단정한 벨베데레 궁전의 정원을 거닐며 느긋한 산책을 즐겨도 좋다. 천천히 빈을 둘러보며 음악과 예술에 취하더라도 잊지 말아야 할 것이 있으니 바로 와인. 오스트리아 사람들의 식사에 와인은 필수다. 저렴한 가격의 좋은 와인이 많아 선물로도 좋다. 퍽퍽한 스펀지 케이크에 진한 초콜릿을 입힌 디저트 자허토르테, 설탕을 넣은 커피 위에 부드러운 생크림을 올린 아인슈페너도 꼭 먹어야 한다.

심리학자인 지그문트 프로이트와 시인 피터 알베르크가 자주 방문했던 카페 센트랄에서 커피하우스 문화를 경험해보는 것도 특별할 것이나. 비엔나 커피를 마시며 토론을 하고 신문을 읽던 예술가처럼 근사한 시간을 보낼 수 있다. 밤에는 조명으로 환하게 빛나는 빈 국립 오페라 극장을 시작으로 케른트너 거리를 지나 슈테판 성당까지 걸으며 야경에 취해보자.

빈에서 해야 할 일 다섯 가지

❶ 벨베데레 궁전에서 클림트 작품 만나기
❷ 케른트너 거리에서 쇼핑하기
❸ 오스트리아 와인에 취해보기
❹ 자허토르테 케이크와 아인슈페너 맛보기
❺ 빈 필하모닉 오케스트라 감상하기

06

07

08

사진 설명

01 빈 전통 카페인 카페 센트럴 내부 **02** 야간 조명을 밝힌 슈테판 대성당 **03** 벨베데레 궁전의 대표작인 클림트의 〈키스〉 **04** 빈의 중심부이자 대표 쇼핑 거리인 케른트너 거리 **06** 벨베데레 궁전의 정원과 분수 **07** 자허토르테 케이크와 아인슈페너 **08** 앙커우어 인형시계

낭만적 풍경의 휴양지

바그너가 인정한 '진정한 꿈속 나라'
루체른의 황홀한 풍경 속으로 들어가보자.

스위스 루체른 Luzern, Switzerland

중부유럽

01

02

03

04

스위스 중부에 있는 도시 루체른. 알프스산맥이 둘러싸고 있는 이 아름다운 도시는 공기가 맑고 날씨가 쾌청하다. 루체른 하면 호수에 놓인 카펠 다리가 가장 먼저 떠오르는데, 유럽에서도 가장 오래되고 긴 지붕을 얹은 목조 다리다. 호수에는 백조가 떠다니고, 물밑이 비쳐 보일 만큼 깨끗하다. 다리는 겉에서 보기에도 아름답지만, 직접 걸어야 그 가치를 알 수 있다. 천장에는 스위스의 역사와 신화에 관한 그림이 걸려 있어 물 위에 놓인 미술관이라고 해도 과언이 아니다. 용맹한 스위스 군사의 영혼을 기리기 위해 조각한 빈사의 사자상도 꼭 보아야 한다. 섬세하고 부드러운 이 조각품은 사자가 지쳐서 쓰러져 있는 듯한 모습을 사실적으로 표현했다.

호수 북쪽의 구시가지는 여행자를 단숨에 중세 시대로 데려다준다. 건물 벽에는 화려한 벽화가 그려져 있어 구시가지 전체가 거대한 미술관처럼 보인다. 카펠 광장을 지나 주변의 다양한 상점과 카페, 레스토랑 등을 들어가 시간을 보내는 것도 추천한다. 루체는 일대의 빙하시대 흔적을 볼 수 있는 빙하공원을 둘러보는 재미도 쏠쏠하다.

루체른에 왔다면 무엇보다 유람선을 타고서 리기산에 올라 보자. '산들의 여왕'이라고 불리는 리기산 정상에 오르면 호수 너머로 동화처럼 펼쳐지는 마을 전경을 만날 수 있다. 5월에도 눈이 쌓여 있는 이곳에선 봄날에도 겨울을 만날 수 있다. 하얀 십자가 밑에서 인생 사진을 찍는 것도 잊지 말자.

루체른에서 해야 할 일 다섯 가지

❶ 카펠 다리 건너가기
❷ 하루 종일 구시가지에서 시간 보내기
❸ 빈사의 사자상에서 인증 사진 찍기
❹ 루체른 호수변 노천 카페 방문하기
❺ 리기산에 오르기

사진 설명

01 호수 주변으로 늘어선 노천 카페 풍경 **02** 프랑스 혁명 중 전사한 스위스 근위병을 추모하는 빈사의 사자상 **03** 화려한 벽화가 남아 있는 구시가지의 건물 **04** 리기산에서 바라본 풍경 **05** 강을 대각선으로 가로지르는 카펠 다리 주변의 노천 카페 **06** 카펠 다리 내부의 모습

05

06

곰과 분수의 도시

에메랄드빛 아레강이 흐르는 도시.
청정 스위스의 아기자기한 매력까지 느낄 수 있다.

스위스 베른 Bern, Switzerland

중부유럽

01

02

03

04

05

스위스의 수도인 베른은 취리히나 루체른에 비하면 여행지로서의 명성은 적은 편이다. 그러나 베른을 방문한 여행자라면 이곳만의 맑은 매력에 금세 빠질 것이다. 여행자들이 가장 많이 찾는 구시가지는 유네스코 세계 문화유산이다. 유럽에서 가장 긴 석조 아케이드를 따라 걸으며 구시가지가 품은 가치를 직접 느낄 수 있다.

구시가지의 중심인 슈피탈 거리에선 사람들 대부분이 한 시계탑 앞에서 있다. 베른의 랜드마크와 다름없는 치트글로게 시계탑은 황금색 시침과 초침으로 이루어졌는데 시간에 맞춰 곰과 광대가 나와 춤을 춘다. '분수의 도시'라고도 불리는 베른답게 분수 11개가 슈피탈 거리에 늘어서 있는데, 전부 16세기풍으로 역사적으로도 가치가 뛰어나다. 이 밖에 곰 공원, 베른 대성당, 뉘데크 다리도 놓쳐서는 안 될 곳이다. 초록빛이 일렁이는 자연 속 베른을 한눈에 담을 수 있다.

베른에서 해야 할 일 세 가지

❶ 치트글로게 시계탑의 인형 춤 감상하기
❷ 서로 다른 분수 11개 찾아보기
❸ 구시가지 긴 아케이드 따라 걷기

사진 설명

01 구시가지의 중심 슈피탈 거리 02 스위스에서 가장 긴 아레강과 곰 공원 03 뉘데크 다리에서 보이는 베른 대성당 04 베른 장미공원에 있는 아인슈타인 동상 05 곰과 광대가 춤을 추는 치트글로게 천문 시계탑 06 역사박물관 앞 곰 동상

청정 스위스는 바로 여기

화려하진 않지만 맑고 깨끗한 취리히의 풍경은 여행자에게 잔잔한 감동을 선사한다.

스위스 취리히 Zurich, Switzerland

중부유럽

01

02
SBB CFF FFS

03
14
Triemli
2051

04

거대한 호수와 함께 있는 도시 취리히는 수도 베른보다 더 유명 스위스 제1의 도시다. 시내 한가운데에 흐르는 리마트강은 취리히 호수까지 이어진다. 취리히 여행은 보통 역부터 호수까지 이어지는 반호프 거리를 걸으며 시작한다. 화려한 브랜드 매장과 명품 숍으로 이루어진 거리는 아이쇼핑만 해도 즐겁다. 리마트강을 마주 보는 언덕의 린덴호프 공원에서는 도시의 풍경을 만날 수 있다. 언덕이 높지 않지만 취리히의 유명 관광지를 한눈에 담기에는 충분하다. 그로스뮌스터 대성당의 높은 첨탑과 유럽에서 가장 큰 시계탑을 뽐내는 성 피터 교회도 보인다.

취리히의 구시가지로 들어서면 언덕에서 보았던 유명 관광 명소 가까이에 갈 수 있다. 니더도르프 거리에서 아기자기한 상점을 구경하며 기념품을 찾아서 보는 재미도 쏠쏠하다. 강을 따라 취리히 호수까지 걸어가보자. 유리처럼 맑고 투명한 호숫물은 보기만 해도 눈이 시원하다. 관광객뿐만 아니라 시민들까지 호숫가 주변의 공원을 많이 찾는다.

05

취리히에서 해야 할 세 가지

❶ 트램을 타고 퐁듀를 먹는 이색 체험해 보기
❷ 취리히 호수에서 유람선 탑승하기
❸ 린덴호프 공원에서 시내 내려다보기

사진 설명

01 리마트강 왼편엔 성 피터 교회, 오른편엔 그로스뮌스터 대성당 **02** 반호프 광장에 서 있는 스위스 철도와 알프레드 에셔 동상 **03** 거리를 지나는 트램 **04** 린덴호프 공원에서 바라본 전경 **05** 유럽의 주요 도시를 연결하는 취리히 중앙역

Special.

스위스를 즐기는 액티비티 6

패러글라이딩 Paragliding

인터라켄은 유럽 최고봉으로 꼽히는 융프라우의 관문으로 세계 3대 패러글라이딩 포인트다. 산들바람을 타고 날아오르면 알프스가 품은 비경을 볼 수 있어 인터라켄에서 패러글라이딩을 체험해본 사람들은 모두 최고의 경험이었다고 극찬한다.

스카이다이빙 Skydiving

스카이다이빙은 알프스의 대자연을 만끽할 수 있는 가장 짜릿한 액티비티다. 경비행기로 융프라우보다 높은 4,000미터 상공까지 올라가는 과정도 흥미진진하지만 뛰어내릴 때의 짜릿함은 최고다. 장엄한 알프스 설산과 빙하가 녹아 만들어진 코발트빛 호수 풍경을 가슴에 담을 수 있다.

번지 점프 Bungee Jump

슈톡호른은 호수에 비친 풍경이 아름다운 곳으로 세계에서 가장 아름다운 번지 점프 포인트로 불린다. 이곳에서는 번지 점프대가 아닌 케이블카에서 번지 점프를 하는 특별한 체험을 할 수 있다. 134미터 상공에 매달린 케이블카에서 슈톡호른 호수를 향해 다이빙하듯 뛰어내릴 수 있다.

피르스트 플라이어 First Flyer

피르스트 플라이어는 일종의 집라인으로 난이도가 낮은 액티비티를 찾는 사람들에게 추천한다. 피르스트에서 슈펙펠트까지 200미터 구간을 편하게 앉아 내려오며 스피드를 만끽하는 것은 물론 알프스의 경치까지 즐길 수 있다. 안전한 액티비티 중 하나로 어린이가 체험하기에도 좋다.

트로티바이크 Trottibike

트로티바이크는 페달이 없는 무중력 자전거로 스릴과 스피드를 즐기기에 가장 좋은 수단이다. 언덕에 닦여진 도로를 따라 트로티바이크를 타고 내려오며 속도감을 즐길 수 있는 것은 물론 중간중간 멈춰 경치를 감상할 수도 있다.

캐녀닝 Canyoning

색다른 재미를 찾는다면 인터라켄 근교의 험난한 계곡을 탐험하며 하이킹, 암벽타기, 급류타기 등 다양한 레포츠에 도전하는 캐녀닝을 추천한다. 여름철 한시적으로 체험 가능한 액티비티로 짜릿함은 물론 자연과 하나 되는 특별한 기분까지 만끽할 수 있다.

모든 도시의 중심

과거와 현재의 시공간이 공존하는 도시.
한때 세계의 중심이었던 런던의 매력은 셀 수 없이 많다.

영국 런던 London, UK

서유럽

01

02
USED TICKETS

03
POPPIE'S FISH & CHIPS

04

런던은 유럽 최대의 도시이자 경제, 문화의 중심지이다. 런던 대도시권을 이르는 '그레이터 런던'의 인구는 800만 명이 넘으며, 이곳에서 쓰이는 언어만 해도 300개 이상일 정도로 다양한 인종과 문화가 공존하는 글로벌 도시다. 지구를 동서로 나누는 기준선인 본초 자오선도 바로 런던 그리니치에 있다. 이러한 런던의 위상은 인류 최초로 산업 혁명을 이루고 대영 제국의 깃발 아래 세계를 지배했던 역사에 배경을 두고 있다. 과거와 현재가 공존하며, 역사 유적은 물론 혁신적 건축물, 백조와 오리가 서식하는 녹지 공간, 글로벌한 레스토랑, 각종 예술 전시와 공연이 어우러져 다양한 여행자의 취향을 만족시킨다.

영국 하면 여왕을 비롯한 왕실 문화를 빼놓을 수 없다. 21세기에도 런던은 군주제와 대영 제국의 전통을 확고하게 간직하고 있다. 엘리자베스 2세가 머무는 버킹엄 궁전에 가면 근위병 교대식을 구경할 수 있고, 가이드 투어로 왕실 내부를 둘러볼 수도 있다. 영국 역사의 중심에 있던 런던 타워에서 요먼 근위대의 성문 폐쇄식을 구경하고 타워 브리지와 템스강의 풍경을 굽어보자. 강변에 있는 대관람차 런던 아이를 타면 30분 동안 더욱 다채로운 런던 전경을 감상할 수 있다.

역사나 미술에 관심이 많다면 영국 박물관, 내셔널 갤러리, 테이트 모던 등 세계적인 박물관도 가봐야 한다. 트라팔가 광장에서 버스킹 공연을 구경하거나 하이드 파크, 리젠트 파크, 세인트 제임스 파크에서 피크닉을 즐겨도 좋다.

런던에서 해야 할 일 다섯 가지

❶ 전통 펍에서 맥주 즐기기
❷ 200년 전통의 해로드 백화점에서 쇼핑하기
❸ 웨스트엔드의 극장에서 뮤지컬 감상하기
❹ 영국 대표 음식 피시앤칩스 먹어보기
❺ 이층 버스 타고 런던 시내 돌아보기

사진 설명

01 왼쪽엔 런던 아이, 오른쪽엔 빅벤과 국회의사당, 템스강 **02** 런던 이층 버스 **03** 피시앤칩스 맛집, 포피스 피시앤칩스 **04** 버킹엄 궁전의 근위병 교대식 **05** 런던 중심부에 위치한 전통 펍 **06** 테이트 모던의 중앙 홀 **07** 내셔널 갤러리 내부

고풍스러운
대학 도시

초록빛 잔디, 잔잔하게 흐르는 강물, 고풍스러운 건물과 여유로운 분위기의 캠퍼스. 케임브리지는 그런 곳이다.

영국 케임브리지 Cambridge, UK

서유럽

01

02

03

영국의 대학 도시라 하면 옥스퍼드를 가장 먼저 떠올리겠지만 그와 견줄 곳이 또 하나 있다. 바로 케임브리지다. 케임브리지는 대학 도시가 가져야 할 오랜 역사와 전통을 자랑한다. 도시 규모가 작다고 해서 실망할 필요는 없다. 성처럼 웅장한 중세풍의 대학 건물과 푸른 녹지, 강이 어우러져 가볍게 둘러보기만 해도 이곳이 지닌 기품을 느낄 수 있다.

시내 한가운데에는 캠강이 흐르고, 킹스 퍼레이드 거리와 트리니티 거리를 따라 걸어가면 트리니티 칼리지, 킹스 칼리지, 퀸스 칼리지 등 수십 개의 대학 건물을 만날 수 있다. 그중에서도 퀸스 칼리지는 아름다운 캠퍼스로 여행자들의 필수 방문 코스다. 대학 건물이 아니더라도 피츠윌리엄 박물관과 뾰족한 지붕에 둥근 건물 외벽의 라운드 교회 등 둘러볼 만한 곳이 제법 있다. 런던에서 당일치기로 여행하기에 충분하며, 북적이는 인파를 피해 여유를 즐기고 싶다면 안성맞춤이다.

04

케임브리지에서 해야 할 일 세 가지

❶ 퀸스 칼리지 방문하기
❷ 명문대 학생처럼 대학 거리 누비기
❸ 캠강에서 펀팅 투어하기

사진 설명

01 캠강을 따라 킹스 칼리지 근처를 지나는 보트 투어 **02** 마켓 스퀘어와 그레이트 세인트 메리 교회 **03** 피츠윌리엄 박물관 **04** 케임브리지를 즐기는 또 다른 방법 자전거

옛 스코틀랜드 왕국의 중심지

잿빛 하늘과 어우러진 고색창연한 구시가지를 걷다 보면 중세의 시간 속으로 들어선 듯하다.

스코틀랜드 에든버러

Edinburgh, Scotland

서유럽

02

03

04

에든버러는 스코틀랜드의 수도로 도시 곳곳에는 지역 문화와 특색이 짙게 배어있다. 고색창연한 옛 모습을 고스란히 간직하고 있어 유럽의 수도 가운데서도 가장 아름다운 곳으로 손꼽힌다. 스코틀랜드는 다소 낯선 지역 같지만, 우리는 이미 이 지역 문화를 수없이 접해왔다. 남자들이 타탄 체크 무늬 치마 '킬트'를 입는 전통이 있으며 스카치위스키의 고장, 골프의 발상지가 바로 스코틀랜드다. 작가 코난 도일의 고향으로 그는 에든버러 대학을 다니며 〈셜록 홈즈〉를 집필했다.

에든버러는 구시가지와 신시가지 두 지역으로 뚜렷하게 분리된다. 구시가지 서쪽 바위산에는 역대 스코틀랜드 군주들의 거처, 감옥 등 많은 역할을 담당했던 에든버러 성이 위풍당당하게 자리하고 있다. 민족성이 강한 스코틀랜드인들의 자부심을 상징하는 성으로 스코틀랜드 왕의 대관식에 사용된 왕관과 보석이 전시되어 있다. 이 성에서는 1861년부터 지금까지 오후 1시 정각에 대포를 쏘고 있다. 일명 '원 어 클락 건(One o'clock Gun)'이라 불리는 포격식으로 시계가 귀했던 과거 시민들에게 시간을 알리던 데서 유래했다.

8월의 에든버러는 프린지 페스티벌을 포함한 십여 개가 넘는 축제로 볼거리와 즐길 거리가 넘친다. 그중 전 세계 40여 개국 군악대가 참가하는 '밀리터리 타투'는 에든버러 페스티벌의 하이라이트로 손꼽힌다.

에든버러에서 해야 할 일 세 가지

❶ 에든버러 성에서 '원 어 클락 건' 포격식 구경하기
❷ 코난 도일 펍에서 스코틀랜드 전통음식 하기스 맛보기
❸ 하이랜드 투어로 스코틀랜드 북부 고원지대 방문하기

사진 설명
01 프린지 페스티벌 중 구도심 빅토리아 거리 **02** 코난 도일의 생가이기도 한 펍 **03** 스카치위스키와 즐기는 치즈 페어링 **04** 에든버러 성의 '원 어 클락 건' 포격식 모습

Special.
영국 뮤지컬 & 공연 베스트 6

위키드 Wicked - 아폴로 빅토리아 극장

《오즈의 마법사》를 풍자한 소설 《위키드》를 모티브로 한 작품. 도로시가 오즈의 나라로 떨어지기 전 만나 우정을 키웠던 초록 마녀 엘파바와 금발 마녀 글린다의 이야기를 풀어내는 뮤지컬이다. 두 마녀가 만나 티격태격하며 성장해가는 스토리를 담고 있다.

레 미제라블 Les Miserables - 퀸즈 극장

빅토르 위고의 소설을 원작으로 1985년 영국에서 초연된 뮤지컬. 19세기 프랑스 한 죄수의 삶을 통해 인간의 존엄성과 삶의 의미를 돌아보는 내용이 담겼다. 가난과 고통, 혁명 등 다소 무거운 주제를 다루지만 예술성과 대중성이 높은 작품으로 평가받는다.

라이온 킹 Lion King - 라이시움 극장

디즈니 애니메이션 〈라이온 킹〉이 원작인 역대 흥행 1위 뮤지컬. 평화로운 왕국 프라이랜드의 왕자로 태어난 심바가 아버지 무파사를 죽인 삼촌 스카를 물리치고 왕국을 되찾는 내용이다. 분장하거나 가면을 쓴 배우들이 동물의 고유한 움직임을 리얼하게 표현하는 것이 특장이다.

오페라의 유령 The Phantom Of The Opera - 여왕 폐하의 극장

파리 오페라 하우스를 배경으로 프리마돈나 크리스틴과 지하에 숨어 사는 천재 음악가 팬텀, 크리스틴을 사랑하는 귀족 청년 하울의 비극적인 로맨스를 담고 있다. 1986년 초연 이래 런던에서만 1만 회가 넘는 최다 공연 신기록을 세웠다.

맘마미아 Mamma Mia - 노벨로 극장

엄마와 단둘이 지중해 외딴 섬에 사는 소피. 결혼식을 앞둔 그녀는 엄마의 일기장에서 아빠로 추정되는 세 사람을 찾아내 편지를 보내면서 벌어지는 해프닝을 그린다. 맘마미아는 팝 그룹 아바(ABBA)가 부른 히트곡 22곡을 엮은 주크박스 뮤지컬이다.

빌리 엘리어트 Billy Elliot - 빅토리아 팰리스 극장

1980년대 영국 북부 탄광촌에 사는 소년 빌리가 가난과 편견에 맞서 왕립 발레학교에 입학해 발레리노의 꿈을 이루는 이야기다. 2005년 초연 이래 이듬해 런던 공연 최고 권위의 상인 '로렌스 올리비에 어워드'에서 각종 상을 휩쓸었을 만큼 작품성을 인정받았다.

예술로 물드는 도시

모든 여행자들이 꿈꾸는 도시.
파리에서 역사와 예술, 미식을 즐겨보자.

프랑스 파리 Paris, France

서유럽

02

03

04

파리는 유럽 최대의 관광 도시로 손꼽힌다. 역사적 건축물과 유명 미술품, 다양한 음식 등 파리를 찾아야 할 이유는 차고 넘친다. 중세 이전의 옛 건물도 일부 있지만 대부분 19세기 벨 에포크 시대의 건물이 그대로 남아 100년 전으로 시간 여행을 떠나는 듯하다. 한편 루이비통, 샤넬, 디올 등 고급 패션 브랜드의 본사가 있는 현대 패션의 수도이기도 하다.

평화와 진보를 구가하던 1889년, 파리 만국박람회를 기념해 건설된 에펠 탑은 센강을 바라보며 고고하게 서 있다. 센강 좌안의 라탱 지구는 보헤미안 감성을 느끼기에 좋은 곳이다. 전통적인 대학가였던 이곳은 혁명 이전까지는 학술 언어인 라틴어가 통용되었다고 해서 '라탱 지구'라는 이름이 붙었다. 여기서 국립 묘지 팡테옹의 고즈넉한 회랑을 둘러보고 생 미셸 거리까지 걸으며 헌 책방을 구경해보자. 또 근처에 있는 뤽상부르 궁전 앞 공원에서 파리 사람들처럼 느긋하게 산책해도 좋다.

몽마르트르 언덕의 사크레쾨르 대성당에서 도시 전경을 감상하거나, 샹젤리제 거리 끝에 있는 개선문 전망대에서 사방으로 뻗은 파리의 대로를 둘러보는 것도 특별한 경험이 될 것이다. 특히 루브르 박물관이나 오르세 미술관에서 레오나르도 다 빈치의 〈모나리자〉나 모네, 르누아르의 작품 등 세계적인 예술 작품을 감상하다 보면 시간이 부족할 지경이다.

시테섬의 노트르담 대성당은 빅토르 위고의 《노트르담의 꼽추》의 배경이 된 곳이다. 예전 같으면 성당 정상에 올라가볼 수 있었겠지만 2019년 4월 안타까운 화재로 과거의 모습을 상당 부분 잃고 말았다. 언젠가 다시 파리를 찾을 때면 당당히 뻗은 첨탑을 볼 수 있지 않을까 소망해 본다.

파리에서 해야 할 일 다섯 가지

❶ 센강 유람선 바토무슈 타보기
❷ 마레 지구의 비스트로 식당에서 캐주얼 다이닝 즐기기
❸ 르 봉 마르셰 백화점과 생투앙 벼룩시장에서 쇼핑하기
❹ 카바레 뮤직홀에서 물랑루즈 공연 보기
❺ 오페라 구역의 노천 카페에서 크루아상과 커피 즐기기

사진 설명

01 루브르 박물관의 대표작 레오나르도 다 빈치의 〈모나리자〉 **02** 해 질 녘 에펠 탑의 모습 **03** 카페와 비스트로 식당이 즐비한 마레 지구 **04** 개선문 위에서 바라본 샹젤리제 거리 전경 **05** 센강 위를 지나는 바토무슈 유람선 **06** 몽마르트르 언덕에 위치한 사크레쾨르 대성당 **07** 샹젤리제 거리의 노천 카페

빛으로 반짝이는 도시

음악, 연극, 영화 축제가 끊이지 않는 리옹에서 와인과 예술에 마음껏 취해보자.

프랑스 리옹 Lyon, France

서유럽

사진 설명

01 현지인들이 더 사랑하는 자코뱅 분수 **02** 푸르비에르 노트르담에서 바라본 도심 전경 **03** 푸르비에르 노트르담 모습 **04** 폴 보퀴즈 시장에서 맛보는 현지 음식 **05** 빛 축제 기간 중 조명이 켜진 자코뱅 분수

리옹은 프랑스의 역사와 자연을 모두 담은 매혹적인 도시다. 르네상스 시대의 이탈리아 은행가와 상인들이 살던 작은 골목길에선 건물 안쪽에 난 비밀 통로들이 엿보인다. 고풍스러운 고딕 양식과 르네상스 양식으로 꾸민 건물을 구경하고 높이 솟은 나선형 계단을 감상하며 숨겨진 안뜰을 찾아보자.

구시가지가 한쪽에 야트막하게 솟은 푸르비에르 언덕에는 19세기에 건설된 화려한 푸르비에르 노트르담 대성당이 있다. 리옹을 관통하는 론강과 손강 사이의 우아한 반도섬을 지나 렌초 피아노와 장 누벨, 산티아고 칼라트라바의 독창적인 현대 건축물까지 이어지는 리옹의 산책 길은 중세와 현대를 넘나든다.

매년 12월 8일부터 나흘 간 '리옹 빛 축제'가 열린다. 19세기 페스트를 이겨내고자 촛불을 들고 기도하던 전통을 1989년 도시 조명 계획에 따라 시내 325개의 건축물을 독창적이고 예술적인 조명으로 연출하였다. 덕분에 아름다운 야경을 매일 감상할 수 있다. 저녁에 자코뱅 광장, 르 그랑 오텔-디외 등 야경 명소를 방문해보자.

리옹에서 해야 할 일 세 가지

❶ 폴 보퀴즈 시장에서 현지 음식 먹어보기
❷ 리옹 근교의 코트 뒤 론에서 와이너리 투어하기
❸ 리옹 빛 축제에서 화려한 조명 구경하기

천사의 만

에메랄드빛으로 반짝이는 바다를 매일 보는 것만으로도 니스에 머물 가치는 충분하다.

프랑스 니스 Nice, France

서유럽

01

02

03

04

남프랑스에 자리한 니스는 코트다쥐르의 지중해 파도가 아름답게 일렁이는 도시로 '천사의 만'이라 불린다. 뭉툭한 자갈로 덮인 해변에는 언제나 일광욕과 수영을 즐기는 사람들이 가득하다. 연평균 섭씨 15도로 온화한 날씨는 도시를 방문한 여행자의 마음을 설레게 한다. 마티스 미술관, 샤갈 미술관과 같은 예술 명소도 유명하며, 명품 숍도 늘어서 있어 쇼핑하기에도 좋다.

'영국인 산책로'라는 뜻의 프롬나드 데 장글레 해안 산책로는 밤낮 할 것 없이 느긋하게 산책하는 사람들이 많다. 마세나 광장 중앙 분수를 지나 살레아 벼룩시장으로 들어가면 가죽 가방, 다양한 소품, 꽃과 옷 등을 구경할 수 있다. 니스역 앞에 있는 구시가지는 미로처럼 복잡하지만 규모가 크지 않아 천천히 둘러보기 좋다. 골목마다 카페, 음식점, 가게가 많아 구경하는 것만으로도 재미있다. 때로는 시내를 산책하고, 때로는 맑고 푸른 바다에서 수영하며 행복한 시간을 보낼 수 있는 도시다.

니스에서 해야 할 일 세 가지

❶ 프롬나드 데 장글레 해변 산책하기
❷ 벼룩시장에서 기념품 쇼핑하기
❸ 리비에라 해변에서 해수욕하기

사진 설명

01 '천사의 만'이라 불리는 코트다쥐르 해변 02 코트다쥐르 해변에서 휴식을 즐기는 사람들 03 구시가지의 노천 카페 04 살레아 벼룩시장에서 판매하는 다양한 기념품 05 마세나 광장의 중앙 분수

05

Special.
프랑스 박물관 & 미술관 베스트 6

루브르 박물관 Louvre Museum

세상에서 가장 유명한 박물관인 루브르 박물관. 세계 3대 박물관 중 하나로 회화, 조각 등 30만 점에 달하는 다양한 예술 작품을 전시한다. 레오나르도 다 빈치의 〈모나리자〉, 프랑스 혁명을 그린 〈민중을 이끄는 자유의 여신〉, 고대 그리스 조각 〈밀로의 비너스〉 등 명작을 만날 수 있다.

오르세 미술관 Orsay Museum

근대 미술의 보고로 불리는 오르세 미술관. 인상파 회화와 19세기 이후 근대 미술 작품을 살펴볼 수 있는 곳으로 마네, 드가, 모네, 르누아르, 고흐, 고갱 등 유명 화가들의 작품이 대거 전시되어 있다. 기차역을 리모델링하여 미술관으로 개관, 실내 시계탑은 포토 포인트로 유명하다.

퐁피두 센터 Centre Pompidou

루브르, 오르세와 더불어 파리 3대 미술관에 속하는 퐁피두 센터. 유럽 최고의 현대 미술 복합 공간으로 다양한 분야의 7만 점이 넘는 작품을 소장하고 있다. 세계적인 건축가 리처드 로저스와 렌초 피아노가 설계하였는데 독특한 외관으로도 현대 건축계에 많은 영감을 준 건축물로 평가 받는다.

오랑주리 미술관 Orangerie Museum

인상주의 미술관인 오랑주리 미술관. 빛의 화가 모네의 〈수련〉 연작을 전시하기 위해 마련된 특별한 공간으로 그의 요청에 따라 자연광이 드는 하얗고 독립적인 공간에 작품이 전시되어 있다. 백내장으로 시력을 상실한 모네는 말년에 10여 년에 걸쳐 대형 캔버스에 〈수련, 아침〉을 완성하였다.

베르사유 박물관 Palace of Versailles

현재 박물관으로 사용되고 있는 베르사유 궁전은 역대 프랑스 군주의 거주 공간이었다. 대리석으로 지어진 수백 개의 방과 복도는 프레스코 천장화, 크리스털 샹들리에, 왕실 회화로 화려하게 장식되어 있다. 17개의 창문과 17개의 거울이 아치 모양으로 천장까지 뻗은 '거울의 방'이 가장 유명하다.

로댕 미술관 Rodin Museum

로댕 미술관은 근대 조각의 거장 로댕이 아틀리에로 사용하던 저택을 개조하여 조성한 곳으로 루브르, 베르사유, 오르세 박물관 다음으로 많은 관람객이 찾는다. 로댕이 쓰던 가구와 그가 수집한 미술 작품, 자료 등을 전시하고 있는데 미술관 정원에서는 세계적으로 유명한 조각상 〈생각하는 사람〉을 만날 수 있다.

유라시아의
붉은 별

붉은 광장에는 러시아 제국의 화려함과
20세기 냉전 시대의 음울한 분위기가 감돈다.

러시아 모스크바 Moscow, Russia

동유럽

01

02

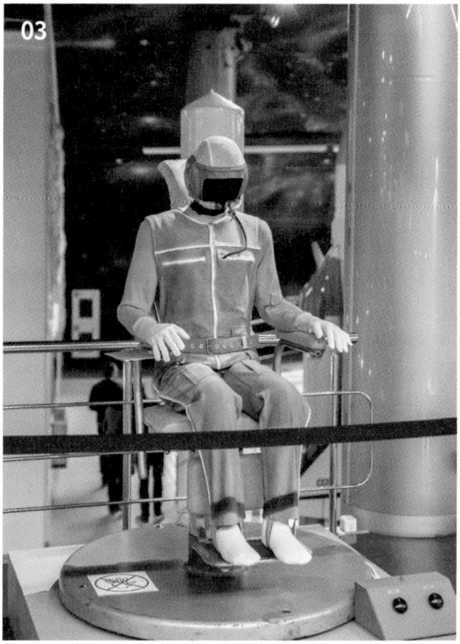
03

04

모스크바는 러시아의 과거와 현재를 모두 간직하고 있는 곳이다. 모스크바공국과 러시아제국, 구 소련의 수도로 오랜 역사와 다양한 문화 발전은 물론 뛰어난 지리적 위치로 경제 성장을 이루었다. 스탈린 시대에는 고풍스러운 건물이 건설되었으며, 오늘날에는 모스크바 시티처럼 마천루가 모여 있는 현대적인 모습도 볼 수 있다.

붉은 광장은 모스크바의 중심이자 여행자들이 가장 많이 찾는 곳이다. 이름과 달리 붉은 광장은 검은 돌바닥으로 되어 있는데, 크렘린의 붉은 벽 말고는 딱히 붉은 구석을 찾을 순 없다. 본래 러시아어로 '붉다'는 말에 '아름답다'는 의미가 있었는데 세월이 흐르며 '붉다'는 의미만 남아버린 탓이라고 한다. 크렘린, 성 바실리 대성당, 소련 시대 국영 백화점이었던 굼, 국립역사박물관이 붉은 광장을 둘러싸고 있다. 과거 소련 시대에는 대규모 군대 열병식이 벌어져 공산주의를 상징하는 장소이기도 하다.

크렘린에는 대통령 관저를 비롯한 여러 궁전과 무기고 박물관, 성당이 자리 잡고 있다. 러시아 차르의 궁전이었으며 러시아 혁명 이후에는 소련의 정부 청사 기능을 했다. 크렘린의 붉은 벽을 따라 국립 묘지가 있고, 레닌 영묘에는 방부 처리된 레닌의 시신이 안치되어 있다. 성 바실리 대성당은 녹색 지붕 위로 빨강, 파랑, 노랑, 녹색 등 원색의 양파 모양 지붕을 얹은 아홉 탑이 각기 다른 모양으로 솟아 인상적이다.

모스크바 지하철은 여행자에게 교통 수단 이상의 의미를 지닌다. 역마다 러시아 제국 양식, 아르데코, 고딕 양식, 소비에트 양식으로 단장해 지하철역만 돌아보는 투어 코스가 따로 있을 정도다. 가장 아름다운 역으로 꼽히는 콤소몰스카야역은 화려한 샹들리에와 석고 장식으로 치장되어 있는데, 왕과 귀족이 아닌 일반 인민을 위한 궁전을 건설한다는 사회주의 이념이 반영되어 있다.

모스크바에서 해야 할 일 다섯 가지

❶ 모스크바 우주박물관 구경하기
❷ 볼쇼이 극장에서 발레 공연 보기
❸ 아르바트 거리에서 마트료시카 인형 등 기념품 쇼핑하기
❹ 모스크바강에서 리버크루즈 타고 야경 감상하기
❺ 러시아식 만두 펠메니와 전통 수프 보르시 먹어보기

사진 설명

01 붉은 광장의 성 바실리 대성당 **02** 크렘린의 이반 대종탑 **03** 우주박물관 내부 **04** 아름다운 내부의 콤소몰스카야역 **05** 리버크루즈를 타고 지나는 크렘린 **06** 마트료시카 인형 등을 파는 기념품 상점, 아르바트 거리 **07** 러시아 전통 수프 보르시

시베리아 횡단의 시작과 끝

한국에서 가장 가까운 유럽 도시 블라디보스토크.
그 이색적인 매력 속으로 들어가보자.

러시아 블라디보스토크

Vladivostok, Russia

동유럽

01

02

03

한국에서 가장 가까운 유럽 도시인 블라디보스토크는 비행기로 2시간 정도면 도착한다. 시베리아 횡단 열차의 시발역과 종착역으로 알려졌던 이곳을 찾는 한국인이 늘고 있다. 물가가 워낙 저렴하고, 한국의 원화 가치가 꽤 높아서 길거리 기념품 상점에서 원화로도 물건을 구매할 수 있다.

가장 대표적인 여행지는 독수리 전망대로 도시의 상징인 금각교와 시내 풍경을 한눈에 담을 수 있다. 젊음의 거리 아르바트에는 펍, 레스토랑, 카페 등이 줄지어 서 있으며, 거리의 끝에는 해변을 따라 조성된 해양공원이 있다. 작은 놀이공원과 모래사장, 산책로 등이 있어 여행자 외에 현지인들도 많이 찾아 오는 곳이다. 보트가 떠 있는 항구와 인접해 있지만, 물이 맑은 편이라 여름에는 해수욕을 즐기는 사람도 쉽게 볼 수 있다.

시내에 있는 굼 백화점은 고풍스러운 유럽식 건물을 보기 위해 찾는 이들이 많다. 이곳에서 쇼핑을 해도 좋지만, 숨겨진 명소는 바로 백화점 뒤의 굼 옛마당. 규모는 작지만 오래된 공장 건물을 트렌디한 가게로 개조하여 독특한 분위기를 뽐낸다. 밤이면 작은 알전구로 밝힌 야경이 아름답다. 또 러시아 특유의 건축 양식으로 만들어진 알록달록한 색감의 개선문, 잠수함 박물관, 전쟁에서 희생된 사람들의 기념비 등 역사적으로 의미 있는 명소도 많다. 혁명 광장에서 열리는 마켓도 기회가 된다면 꼭 구경해 보자. 도시 근교에 있는 루스키섬에서 트레킹을 해도 좋다.

블라디보스토크에서 반드시 먹어야 할 음식은 킹크랩과 곰새우 요리다. 한국보다 가격이 훨씬 저렴하니 푸짐하게 먹을 기회를 놓치지 말자. 독하지만 은은한 단맛이 도는 보드카 한 잔도 잊지 말자.

블라디보스토크에서 해야 할 일 다섯 가지

❶ 블라디보스토크 기차역 방문하기
❷ 독수리 전망대에서 금각교 바라보기
❸ 킹크랩에 보드카 한 잔 꼭 마시기
❹ 아르바트 거리에서 달달한 디저트 타임 가지기
❺ 날씨가 좋은 날에 루스키섬 트레킹하기

04

05

06

사진 설명

01 시베리아 횡단 열차의 출발점인 블라디보스토크 기차역 **02** 독수리 전망대에서 바라본 금각교 **03** 유럽의 분위기가 느껴지는 굼백화점 **04** 1876년 세워진 토카렙스키 등대 **05** 도심 중앙에 위치한 혁명 광장과 동상 **06** 근교에 위치한 루스키섬

Plus.

유럽 여행 미리 떠나기

영화 〈미드나잇 인 파리 (Midnight In Paris, 2011)〉

소설가를 꿈꾸는 길은 파리의 골목을 헤매다 우연히 1920년대 파리로 돌아가는 환상적인 경험을 하게 된다. 당시 파리는 헤밍웨이, 피카소, 달리 같은 전설적인 예술가들이 활약하던 무대였다. 영화 내내 파스텔 톤 색감으로 파리의 아름다운 오후를 조명해주는 영화.

영화 〈천사와 악마(Angels & Demons, 2009)〉

교황이 죽은 후 비밀 조직이 추기경을 납치하는 사태가 벌어지자 교황청은 기호학 교수 로버트 랭던을 부른다. 랭던은 납치자의 힌트를 따라가며 스위스 근위대가 지키는 성 베드로 대성당과 교황 선출을 위한 콘클라베가 열리는 시스티나 경당을 비롯해 판테온, 나보나 광장, 산탄젤로 성 등 로마 곳곳을 누빈다.

영화 〈투어리스트(The Tourist, 2010)〉

이탈리아 여행길에 오른 프랭크는 엘리제라는 여인을 우연히 만나 베네치아로 동행한다. 두 사람은 베네치아의 관문 산타루치아역에서 수상 택시를 타고 대운하를 가로질러 옛 팔라초를 개조한 호텔로 향한다. 두사람은 정체를 알 수 없는 이들에게 쫓기는데 프랭크는 모든 것이 엘리제와 연결되어 있다는 것을 알게 된다. 베네치아의 좁은 수로로 도망치는 짜릿함과 아름다운 풍경을 감상할 수 있다.

책 《댈러웨이 부인(Mrs Dalloway, 1925)》

버지니아 울프의 소설로 1923년 6월 23일, 하원의원의 부인 클러리사 댈러웨이의 하루를 묘사했다. 그날 아침 댈러웨이 부인은 런던을 돌아다니며 저녁 파티 준비를 한다. 꽃을 사고 옛 친구를 만나고 남편을 맞이하는 과정을 의식의 흐름에 따라 보여준다.

책 《안나 카레니나(Anna Karenina, 1877)》

19세기 말 아름다운 백작 부인 안나 카레니나는 모스크바에 왔다가 젊은 기병 장교 브론스키 백작을 만나 사랑에 빠진다. 하지만 안나의 사랑은 세상의 인정을 받지 못하고 비극으로 치닫는다. 톨스토이의 소설 중에서도 농노제가 붕괴하던 제정 러시아의 사회상과 혁명 전 러시아 사람들의 심리를 생생하게 묘사한 명작으로 꼽힌다.

책 《향수(Perfume : The Story of a Murderer, 1985)》

18세기 프랑스를 배경으로 한 쥐스킨트의 소설로 냄새에 대해 초자연적인 감각을 타고난 장 바티스트 그르누이에 대한 이야기이다. 자신만의 향수를 만들기 위해, 그는 성숙한 여인의 향기를 채취하는 끔찍한 과정에 돌입한다. 일상적인 사물의 냄새와 18세기 향수의 향기를 섬세하고 아름답게 표현했다.

America.
아메리카

미국 _ 로스앤젤레스, 샌프란시스코, 라스베이거스, 시애틀, 포틀랜드, 뉴욕, 보스턴, 시카고, 오아후, 마우이, 빅아일랜드, 사이판, 괌

캐나다 _ 토론토, 밴쿠버

멕시코 _ 멕시코시티, 칸쿤

* 큐알 코드를 스캔하면 '방구석 랜선 여행_아메리카편' 유튜브로 연결

반짝거리는
별들의 도시

영화 〈라라랜드〉처럼 낭만적인 로스앤젤레스는 캘리포니아의 따뜻한 날씨와 여유로운 분위기를 느낄 수 있는 곳이다.

미국 로스앤젤레스

Los Angeles, USA

북아메리카

01

02

03

04

로스앤젤레스를 배경으로 한 영화 〈라라랜드〉를 보면 두 주인공이 그리피스 파크 언덕에서 반짝거리는 야경을 배경으로 춤추는 장면이 나온다. 그리피스 파크 천문대는 로스앤젤레스에서 가장 큰 시립 공원으로 도시 전경과 보랏빛으로 물드는 일몰을 감상하기에 더없이 좋은 장소다. 다운타운에서는 초현대식 건축물인 월트 디즈니 콘서트홀 투어를 하거나, 미국 서부 최대 규모의 자연사 박물관에서 공룡 화석을 살펴볼 수도 있다. 올베라 거리에서 멕시코의 정취를 만끽하거나 차이나타운이나 리틀 도쿄에서 제대로 된 아시아 음식을 즐기는 것도 빼놓을 수 없다.

로스앤젤레스를 중심으로 북서쪽에는 영화의 고향 할리우드가 있고, 동쪽에는 샌퍼낸도 밸리, 서쪽에는 산타 모니카와 말리부 해변이 펼쳐져 있다. 할리우드에는 언덕 위에 세워진 할리우드 사인, 명예의 거리에 새겨진 연예인들의 발자국 프린트, 할리우드 배우가 직접 등장하는 영화 프리미어 시사회가 열리는 TCL 차이니스 극장처럼 영화 팬의 순례지가 곳곳에 있다. 할리우드 영화 속 세계를 오감으로 체험하려면 영화 촬영장과 놀이동산이 한데 모인 유니버설 스튜디오가 제격이다.

산타 모니카 해변은 마치 주말 별장 같은 분위기를 물씬 풍긴다. 태평양을 바라보며 널찍한 해변을 거닐거나 자전거를 타고 모래사장을 가로질러보자. 말리부 해변은 절벽 위로 할리우드 스타나 운동선수 등 유명인의 저택이 많아 '억만장자의 해변'이라고도 불린다. 탁 트인 전망으로 유명한 말리부 부두로 가면 태평양의 돌고래와 펠리컨을 볼 수 있으며, 주변에는 서핑을 즐기는 서퍼들도 많다.

로스앤젤레스에서 해야 할 일 다섯 가지

❶ 그리피스 파크 트레일을 따라 하이킹하기
❷ 산타 모니카의 가스트로펍에서 햄버거와 맥주 즐기기
❸ 게티 센터 탐방하기
❹ 더 그로브와 파머스 마켓에서 쇼핑하기
❺ 할리우드 유니버설 스튜디오 탐방하기

05

06

07

사진 설명

01 그리피스 파크 천문대에서 본 도심의 야경 **02** 독특한 외관의 월트 디즈니 콘서트홀 **03** 더 그로브와 파머스 마켓의 트램 **04** 북아메리카에서 가장 큰 도시 공원인 그리피스 파크 **05** 영화 〈라라랜드〉에 배경지인 허모사 비치 **06** 할리우드 대로의 랜드마크인 TCL 차이니스 극장 **07** 할리우드 유니버설 스튜디오 해리포터 구역

캘리포니아의 아름다운 도시

가파른 언덕 아래로 펼쳐지는 바다와 도시의 풍경은 자유로움 그 자체다.

미국 샌프란시스코

San Francisco, USA

북아메리카

01

02

03

04

05

일년 내내 기후가 온화한 샌프란시스코는 미국에서도 살기 좋은 도시로 유명하다. 뉴욕 다음으로 많은 사람이 살고 있으며 태평양 해안과 접하고 있어 싱싱한 해산물 요리를 맛볼 수 있고, 와인 산지인 나파밸리가 가까워 맛있는 와인을 즐길 수 있는 곳으로도 소문이 자자하다.

샌프란시스코 하면 직선으로 곧게 뻗어 올라가는 가파른 언덕과 도심을 가로지르는 전차가 떠오른다. 세상에서 가장 구불구불한 거리인 롬바드 스트리트는 이 도시 풍경을 가장 단적으로 보여주는 관광 명소다. 높은 언덕에서 내려다보면 저 멀리 시내와 바다까지 한눈에 담을 수 있다. 물론 이처럼 독특한 도시 풍경이 주는 매력도 좋지만 해안가로 가면 옛 항구의 빈티지한 분위기도 만날 수 있다.

해안 부두의 피셔맨스 워프에서 해산물을 맛보고, 근처 대형 쇼핑몰 피어39에서 아이쇼핑을 즐겨보자. 샌프란시스코의 상징인 거대한 금문교에 들르는 것도 잊지 말아야 한다. 웅장한 다리의 모습에 감탄하면서도 어쩐지 아슬아슬 묘한 기운이 느껴지는 건 '자살대교'라는 슬픈 별명 때문이 아닐까. 다리를 건너 가면 예술가의 마을이라 알려진 소살리토가 자리한다. 작은 갤러리와 아기자기한 상점이 모여 있어 볼거리가 넘쳐나는 곳이다. 맑은 바다를 배경으로 예쁜 건물들이 가득해 산책만 해도 특별한 기분을 느낄 수 있다.

이외에도 배를 타고 가야 하는 알카트라즈 감옥, 북미에서 가장 오래된 차이나타운, 알라모 스퀘어의 빅토리아 양식 주택도 매력적이다. 로마식 건축물로 둘러싸인 팰리스 오브 파인 아츠 시어터에서 여유롭게 시간을 보내거나 멋진 사진을 찍어도 좋다.

샌프란시스코 해야 할 일 다섯 가지

❶ 금문교 들르기
❷ 전차 타고 언덕 올라가기
❸ 피셔맨스 워프에서 해산물에 와인 한 잔 곁들이기
❹ 예술가의 마을 소살리토 방문하기
❺ 북미에서 가장 오래된 차이나타운 둘러보기

사진 설명

01 러시안 언덕을 오르는 전차 뒤로 보이는 알카트라즈 감옥 **02** 샌프란시스코 여행의 필수 코스 피어39 **03** 맑은 날의 금문교 **04** 마리나 디스트릭트에서 바라본 안개 낀 금문교 **05** 롬바드 스트리트 **06** 샌프란시스코 북쪽 근교인 소살리토 **07** 빅토리아 양식 주택이 늘어선 알라모 스퀘어 **08** 차이나타운 입구

사막 위의
파라다이스

네바다에 있는 사막 모하비에는 짜릿한 일탈을 꿈꾸는 이들을 위한 천국 라스베이거스가 화려하게 빛나고 있다.

미국 라스베이거스

Las Vegas, USA

북아메리카

01

WHEEL OF FORTUNE
02

NEW YORK
NEW YORK
ZUMANITY
SHAKE SHACK
BUD LIGHT
coyote ugly
03

GODIVA
CANALETTO
04

카지노와 유흥의 중심지 라스베이거스에는 기상천외한 볼거리가 가득하다. 이 환상의 도시 중심가인 스트립에는 초호화 호텔과 카지노, 리조트가 모여 있어 세계에서 가장 화려한 밤거리로 유명하다. 밤이면 건물을 덮은 네온사인 간판에서 오색찬란한 조명이 불야성을 이룬다.

벨라지오 호텔 앞 거대한 인공 호수에서는 흥겨운 분수 쇼가 열린다. 호텔 내부 거대한 유리 천장 아래로 거대한 정원이 있으며, 계절마다 다양한 식물과 장식품을 테마에 맞춰 바꾸곤 한다. 베니션 호텔은 이탈리아 베네치아의 유명 건축물과 운하를 그대로 건물 내부에 재현했다. 운하에는 곤돌라를 운행하고 있으며 베네치아처럼 뱃사공이 노래도 부른다.

한편 '카이사르의 궁전'을 뜻하는 시저스 팰리스 호텔은 고대 로마를 테마로 했다. 건물 내외부는 장엄한 고전 건축물과 로마 시대 조각상으로 꾸며져 있으며, 수영장은 로마식 목욕탕처럼 꾸며놓았다. 파리 호텔에는 에펠 탑, 개선문 등 프랑스 파리의 건물을 본뜬 기념물들이 있다. 뉴욕-뉴욕 호텔은 뉴욕의 축소판으로 시내 사이로 달리는 롤러코스터를 만날 수 있다. 평소 모험을 선호한다면 스트라토스피어 타워의 놀이기구를 즐겨보자. 108층 높이에서 즐기는 짜릿함과 한눈에 들어오는 라스베이거스의 전망은 덤이다.

무엇보다 라스베이거스의 백미는 카지노. 도시 어디를 가나 슬롯머신이 행인을 유혹하며, 어느 호텔에 가도 바카라나 룰렛, 블랙잭 같은 테이블 게임이 로비를 차지하고 있다. 직접 게임을 즐기지 않고 다른 플레이어의 게임을 관찰하는 것만으로도 충분히 흥미진진할 것이다.

라스베이거스에서 해야 할 일 다섯 가지

❶ 카지노 테이블 게임 구경하기
❷ 대관람차 하이 롤러에서 야경 구경하기
❸ 스트립과 다운타운에서 미식 투어하기
❹ 아이들과 함께 M&M 월드 방문하기
❺ 그랜드 캐니언 탐방하기

05

06

07

사진 설명

01 라스베이거스 도심 야경 **02** 가볍게 즐길 수 있는 슬롯 머신 **03** 뉴욕에 온 듯한 뉴욕-뉴욕 호텔 주변 **04** 베니션 호텔에서 즐기는 곤돌라 **05** 대관람차 하이 롤러에서 본 도심 전경 **06** 또 다른 라스베이거스를 즐기는 방법 그랜드 캐니언 **07** 아이들과 찾기 좋은 M&M 월드

에메랄드
시티

해안 절경과 독특한 온대 우림을 자랑하는 도시 시애틀.
세련된 예술의 도시이자 커피의 도시로 유명하다.

미국 시애틀 Seattle, USA

북아메리카

01

02

03

04

태평양 퓨젯 사운드 해변과 워싱턴 호수, 올림픽산맥과 캐스케이드산맥 사이에 자리한 시애틀은 미국에서도 가장 아름다운 도시로 꼽힌다. 퀸 앤 힐의 케리 파크에 가면 시애틀의 스카이라인과 아름다운 야경을 한눈에 내려다볼 수 있다. 그중에서 가장 눈길을 끄는 마천루는 단연 이 도시의 상징인 스페이스 니들이다.

바닷가에 위치한 파이크 플레이스 마켓 초입에는 신선한 생선과 채소를 파는 가게가 즐비하다. 커다란 생선을 카운터에 내려놓는 목청 좋은 상인들이 시장에 활기를 더한다. 스타벅스 1호점도 근처에 있는데, 인어가 그려진 초기의 갈색 로고를 아직도 사용하고 있다.

도심 북동쪽의 캐피톨 힐에는 게이와 레즈비언 공동체가 자리해 있으며 독특한 반문화적 분위기를 자아낸다. 독특한 외관을 한 팝 문화 박물관은 시애틀 대중음악의 역사를 보존하고 있다. 도시 곳곳에 있는 공연장에서 매일 열리는 음악 공연을 감상하는 것도 추천한다.

시애틀에서 해야 할 일 세 가지

❶ 스페이스 니들 전망대 올라가기
❷ 파이크 플레이스 마켓에서 쇼핑하기
❸ 스타벅스 1호점에서 커피 마시기

사진 설명

01 파이크 플레이스 마켓의 스타벅스 **02** 케리 파크에서 본 시애틀의 랜드마크인 스페이스 니들 **03** 파이크 플레이스 마켓의 신선한 해산물 **04** 현지인들이 사랑하는 개스 워크 파크 **05** 독특한 외관의 팝 문화 박물관

여유로운
슬로우 시티

킨포크의 도시, 포틀랜드. 볼거리가 없다고 느껴지겠지만 이 도시는 보는 것이 아닌 느끼는 것만으로도 충분하다.

미국 포틀랜드 Portland, USA

북아메리카

02

Fattoush
Mediterranean Cuisine
مطعم فتوش
HALAL
WE CATER!
9713447236
The Original Anna Thai Basil

03

EST. 1971
POWELL'S
city of
BOOKS
PORTLAND, OR
U.S.A.

04

BREW CYCLE

05

VOODOO
DOUGHNUT
22

미국 하면 반짝이는 네온사인과 화려한 도시, 높은 빌딩 혹은 웅장한 자연을 떠올리겠지만 포틀랜드는 조금 다르다. 여유롭고 한적한 도시의 분위기로 낯선 나라가 여행자에게 주는 긴장조차 사라지게 만드는 포틀랜드는 알아주는 킨포크 도시다. 미국에서도 뒤늦게 떠오르고 있는 아주 멋진 곳인 만큼, 이곳을 찾는 여행자가 늘고 있다.

이곳을 여행할 때에는 서두르지 말고 천천히 다니자. 포틀랜드 다운타운에서 현지인처럼 걸으며 구경을 하다 보면 가장 눈에 띄는 서점이다. 바로 파웰 북스다. 규모가 큰 서점 안에는 상태 좋은 중고 서적부터 새 책까지 방대하게 구비해 놓았다. 여행지에서 책 한 권 사보는 것도 좋은 기념품이 될 것이다.

파머스 마켓은 현지 분위기를 제대로 경험하기 좋다. 알록달록한 채소와 활기찬 사람들 사이에서 포틀랜드의 삶을 엿볼 수 있다. 하루나 이틀 잠깐 머물다 가기보다는 여유롭게 머물며 살아 보기 좋은 도시임이 분명하다. 길거리 푸드트럭에서 간단하게 점심을 먹어보기도 하고, 도시의 상징과도 같은 부두 도넛도 잊지 말고 맛보자.

포틀랜드에서 해야 할 일 세 가지

❶ 자전거 타고 도시 한 바퀴 돌아보기
❷ 로렐허스트 파크에서 산책하기
❸ 부두 도넛 먹어보기

사진 설명

01 세계에서 가장 큰 독립서점 파웰 북스 **02** 다양한 음식을 맛볼 수 있는 길거리 푸드트럭 **03** 오롯이 휴식을 갖기에도 좋은 파웰 북스 **04** 바와 펍으로 여행자를 태워가는 자전거 **05** 포틀랜드에서 반드시 먹어야 할 부두 도넛

Special.

미국 서부 드라이브 포인트 6

데스밸리 - 라스베이거스

데스밸리(Death Valley)는 지구상에서 가장 덥고 건조한 지역으로 극한의 환경이 만들어 낸 소금 평야, 사막, 협곡 등이 있다. 라스베이거스에서 당일치기 드라이브 코스로 인기 있지만 볼거리가 많아 하루 만에 다 볼 순 없다. 미국 서부에서 그랜드 캐니언 다음으로 인기 명소로 꼽힌다.

모하비 사막 - I-15번 고속 도로

라스베이거스에서 출발해 I-15번 고속도로를 따라 캘리포니아로 이동하면 프림이라는 작은 마을을 지나 네바다주가 끝난다. 네바다주를 벗어나자마자 곧 광활한 모하비 사막(Mojave Desert)이 나타나는데 황량한 사막처럼 보이는 이 사막에는 중동의 사막을 연상시키는 '켈소 모래 언덕'이 숨어있다.

산타 모니카 해변 - 퍼시픽 코스트 하이웨이 1

미국 동서로 난 3,945킬로미터의 도로 '루트 66'의 종착지인 산타 모니카 해변(Santa Monica Beach). 사계절 내내 쾌적한 기후를 갖추고 있어 인기 있는 해변이다. 1909년에 문을 연 피어 주변은 레스토랑과 기념품 가게가 즐비하고 늘 활기차다.

빅스비 크릭 브리지

- 퍼시픽 코스트 하이웨이 1

빅 서(Big Sur) 지역 다리 중 가장 유명한 빅스비 크릭 브리지(Bixby Creek Bridge). 다리와 협곡, 태평양 어우러진 모습은 미국에서도 손꼽히는 경치다. 이 풍경을 감상하려고 퍼시픽 코스트 하이웨이 1번 도로 드라이브를 즐기는 사람들이 많다. 협곡 아래부터 교량까지의 높이가 79미터에 달한다.

퍼시픽 그로브 & 카멜 - 17 마일 드라이브

샌프란시스코만 남쪽 해변 마을 몬테레이 인근에 17마일(27.4킬로미터) 구간의 유료 해안 도로가 있다. 퍼시픽 그로브와 카멜(Pacific Grove & Carmel) 사이 구간을 잇는 이 도로는 푸른 바다와 울창한 숲, 바닷가에 자리한 페블비치 골프장 등 멋진 풍경을 두루 감상할 수 있다.

글레이셔 국립공원 - 고잉 투 더 썬 로드

몬태나주의 글레이셔 국립공원 내 '고잉 투 더 썬 로드(Going to the Sun Road)'는 로키 산맥을 보며 달릴 수 있는 산악 도로다. 세인트 메리 호수에서 시작해 맥도날드 호수까지 이어진다. 눈이 녹는 여름에만 개방되는데 설산과 빙하는 물론 다양한 야생동물을 관찰할 수 있어 인기다.

잠들지 않는
도시

전 세계인이 사랑하고 동경하는 도시 뉴욕.
그 화려하고도 사랑스러운 도시에선 절대로 지칠 수 없다.

미국 뉴욕 New York, USA

북아메리카

02

03

04

05

뉴욕은 세계 경제, 금융, 산업, 문화, 예술 중심지로서 '세계의 수도'라는 표현이 지나치지 않다. 광고판이 번쩍거리는 타임스 스퀘어에선 거리 공연가들과 전 세계에서 온 인파를 마주하게 된다. 브로드웨이에서는 유명한 뮤지컬도 볼 수 있다. 맨해튼에서 페리를 타고 리버티섬에 자리한 자유의 여신상을 구경하거나, 엘리스섬에서 미국의 이민 역사를 살펴도 좋다.

뉴욕은 한 세기 전부터 241.4미터의 울워스 빌딩이 등장한 마천루의 도시다. 7개의 계단식 아치 첨탑이 있는 크라이슬러 빌딩과 영화 〈킹콩〉의 무대로 유명한 엠파이어 스테이트 빌딩은 뉴욕의 대표적인 마천루로 손꼽힌다. 그 밖에도 432 파크 애비뉴, 뱅크 오브 아메리카 타워 등에 올라 뉴욕의 스카이라인을 조망해보자.

뉴욕 한복판에 자리한 센트럴 파크는 뉴요커의 사랑을 받는 도심 속의 오아시스이다. 광대한 공원 안에는 울창한 숲, 연못, 동물원이나 극장이 있어 여유롭게 산책을 즐기기 좋다. 존 레논을 추모하는 스트로베리 필즈도 이곳에 있는데, 그의 곡 'IMAGINE'이 새겨진 모자이크 바닥은 지금도 팬들이 놓은 꽃으로 장식되어 있다.

예술에 관심이 많다면 박물관과 미술관이 모여 있는 뮤지엄 마일즈를 방문해 보자. 메트로폴리탄 미술관은 미국뿐만 아니라 전 세계의 귀중한 문화유산과 미술품이 소장되어 있다. 뉴욕 현대 미술관은 모더니즘과 동시대 예술을 총망라하는 곳이다. 또 구겐하임 미술관은 달팽이 모양의 외관과 나선형 계단 등 유기적 건축물로 유명하다.

그라운드 제로는 과거 9.11테러로 폭파된 세계무역센터 부지를 부르던 것으로 지금은 그 자리에 원 월드 트레이드 센터가 재건되었다.

뉴욕에서 해야 할 일 다섯 가지

❶ 브로드웨이 뮤지컬 관람하기
❷ 그리말디에서 뉴욕 피자 먹어보기
❸ 엠파이어 스테이트 빌딩 전망대 올라가보기
❹ 브루클린 브리지 도보로 가로지르기
❺ 취향에 맞는 미술관 관람하기

사진 설명

01 뉴욕 도심의 상징 타임스 스퀘어 **02** 새로운 랜드마크로 떠오른 베슬 **03** 자유의 여신상 박물관, 리버티섬 **04** 미국의 대표적인 팝 아트 작품을 만날 수 있는 뉴욕 현대 미술관 **05** 빌딩 숲 사이에서 즐기는 휴식, 센트럴 파크 쉽 메도우 **06** 뉴욕 도심의 중심 센트럴 파크 전경 **07** 브루클린과 맨해튼을 연결하는 브루클린 다리 **08** 여행자의 필수 코스 소호 지역

동부 여행의 출발지

미국에서 가장 오래된 도시 보스턴. 미국의 과거와 현재까지
시간여행을 즐겨 보자.

미국 보스턴 Boston, USA

북아메리카

01

미국 동부 여행을 계획했다면 출발지는 보스턴이 적당하다. 보스턴은 미국에서도 역사가 가장 오래된 도시인 만큼 역사적으로, 또 문화적으로 갖추고 있는 볼거리가 많다. 공원, 대학, 도서관 등 대부분의 공공기관과 건물에는 '최초' 혹은 '가장 오래된'이라는 타이틀이 붙어 있다. 대중교통이 잘 되어 있어 도심 구석구석 누비며 여행하기에도 편하다. 보스턴에서 가장 유명한 곳은 세계에서 최고의 명문으로 불리는 하버드 대학교. 대학생이 아니더라도, 명문 대학의 분위기를 느끼는 것 또한 색다른 여행의 추억이 된다. 가까운 거리에 매사추세츠 공과대학(MIT)도 있으니 함께 방문해보자.

약 170년의 역사를 지닌 퀸시 마켓의 북적이는 인파 속에서 즐기는 먹거리를 빼놓을 수 없는데 그중 크램차우더가 가장 유명하다. 도시의 랜드마크인 세관 탑도 빼놓을 수 없다. 거대한 건물 사이에 우뚝 솟은 시계탑은 흔들림 없이 견고하다. 거대한 돔 천장에 아름다운 르네상스 양식으로 지어진 보스턴 공립 도서관 방문도 필수.

미국의 3대 미술관 중 하나인 보스턴 미술관에서는 고흐, 고갱, 모네 등의 유명한 화가의 작품을 만날 수 있다. 도시가 큰 만큼 가야 할 곳과 봐야 할 것이 많아 여행자의 두 발을 바쁘게 만든다.

보스턴에서 해야 할 세 가지

❶ 퀸시 마켓에서 크램차우더 맛보기
❷ 하버드 대학교 찾아가기
❸ 보스턴 근교의 락포트 마을 여행하기

사진 설명

01 하버드 대학교 전경 **02** 독특한 외관의 매사추세츠 공과대학 스타타 센터 외관 **03** 보스턴 공립 도서관 내부 **04** 보스턴 미술관의 대표작 클로드 모네의 〈수련〉 **05** 퀸시 마켓의 맛집 보스턴 차우더

미술, 건축, 재즈의 도시

미술, 건축, 재즈. 이 세 가지로 인해 여행자가 느끼는 도시의 매력은 더욱 배가 된다.

미국 시카고 Chicago, USA

북아메리카

01

02

03

04

05

시카고 하면 한때 유행했던 시카고 피자가 떠오른다. 두툼한 도우에 그보다 더 두툼한 모짜렐라 치즈가 쭉 늘어나는 시카고 피자. 그리고 뮤지컬 〈시카고〉와 재즈가 있다. 1920년경 뉴올리언스의 재즈맨이 이주하면서 시카고는 약 10년 동안 재즈의 중심지로 많은 유명 연주자를 배출했다. 지금도 매년 늦여름과 초가을 사이, 시카고는 재즈 페스티벌의 열기로 뜨겁게 달아오르기도 한다.

도시를 투어하듯 걸어 다니다 보면 독특한 건축물도 많이 볼 수 있다. 그중 콩 모양으로 생겨서 'THE BEAN'이라 불리는 클라우드 게이트와 크라운 분수에서 인증샷은 필수다. 미국 3대 미술관 중 하나인 시카고 미술관은 세계에서도 인정받는 곳이니 시간 내서 방문할 이유가 충분하다.

대관람차가 돌아가는 네이비 피어에서 느긋한 휴식을 취하며 현지인처럼 지내보는 것도 좋겠다. 윌리스 타워 103층에 있는 전망대에서 보는 시카고의 모습은 꼭 눈에 담아보자. 시카고식 피자 맛집인 루 말나티 피제리아나 지오다노를 찾거나 시카고의 재즈 음악을 즐기고 싶다면 앤디스 재즈 클럽을 추천한다.

시카고에서 해야 할 세 가지

❶ 두툼한 도우와 모짜렐라 치즈가 매력적인 시카고 피자 먹기
❷ 밀레니엄 파크에서 유명한 조형물과 사진찍기
❸ 앤디스 재즈 클럽에서 시카고 재즈 듣기

사진 설명

01 밀레니엄 파크의 상징 클라우드 게이트 **02** 두툼한 시카고 피자의 매력 **03** 시카고에서 가장 오래된 재즈 클럽 앤디스 **04** 시카고 미술관의 대표작 귀스타브 카유보트의 〈파리의 거리〉 **05** 마천루를 감상하는 최고의 방법인 유람선 **06** 윌리스 타워 전망대에서 본 도심 풍경

06

Special.

미국 동부 즐기기 팁 6

뉴욕 브로드웨이 뮤지컬

브로드웨이의 티켓 부스인 TKTS에서는 공연 임박 티켓을 최대 50퍼센트 할인가에 판다. 러쉬와 로터리는 각 공연장에서 판매한다. 러쉬 티켓은 이른 아침 판매하는 재고 티켓이고 로터리 티켓은 복권처럼 추첨 방식이다. 금액과 상관없이 좋은 자리를 원한다면 온라인 예매를, 저렴하게 뮤지컬을 보고 싶다면 TKTS, 러쉬, 로터리 티켓을 이용해보자.

뉴욕 우드버리 아웃렛

뉴욕 쇼핑의 성지로 불리는 우드버리 아웃렛. 뉴욕 외곽에 위치한 세계 최대 규모 아웃렛으로 명품부터 중고가 브랜드 제품을 최대 50퍼센트 할인가에 쇼핑할 수 있다. 합리적인 가격으로 쇼핑을 즐길 수 있어 온종일 투자해도 쇼핑 시간이 부족한 곳. 홈페이지 회원 가입 시 할인 혜택이 담긴 쿠폰북이 제공된다.

동부 메이저리그 관람

미국과 캐나다를 연고지로 하는 프로야구 구단으로 구성된 메이저리그(MLB). 뉴욕, 보스턴, 시카고, 그리고 류현진이 소속된 토론토는 야구로 명성 높은 도시들로 운이 좋다면 이 지역을 여행할 때 MLB 경기 관람을 할 수 있다. 야구 시즌이 아니라면 경기장 투어로 아쉬움을 달랠 수 있다.

보스턴 프리덤 트레일 투어

보스턴 도심 바닥의 빨간 선은 미국 혁명 역사와 관련된 명소로 이어지는 4킬로미터 길 '프리덤 트레일', 즉 '자유의 길'이다. 프리덤 트레일 투어는 전통 복장을 한 가이드와 유적지와 시장, 쇼핑몰, 항구 등 보스턴의 명소를 둘러보는 투어로 미국 건국과 보스턴 역사에 대해 알 수 있어 인기다.

시카고 맥주 양조장 투어

미국에서 가장 많은 양조장을 보유하고 있는 시카고. 맥주가 만들어지는 과정을 살펴보고 시음까지 할 수 있는 투어가 발달했다. 밀워키의 밀러 공장뿐만 아니라 도심의 수제 맥주 양조장에서 투어를 즐길 수 있다. 그중 '구스 아일랜드'는 1세대 수제 맥주로 양조장이 도심에 위치해 여행 중 방문하기 편리하다.

뉴욕 스카이라인 감상

뉴욕 여행을 제대로 즐기기 위해서는 높은 곳으로 올라야 한다. 록펠러 센터, 엠파이어 스테이트 빌딩, 원 월드 트레이드 센터 등 초고층 빌딩 상층에는 스카이라인 전망대가 있어 빌딩 숲과 시시각각 변하는 하늘 풍경을 감상할 수 있다. 일몰 시각에 방문하면 석양은 물론 화려한 야경까지 즐길 수 있다.

허니무너의 지상 낙원

천혜의 자연 환경과 풍부한 즐길거리가 어우러진 최고의 휴양지. 하와이안처럼 느긋하게 와이키키 해변을 걸어보자.

미국 하와이 오아후

Oahu, Hawaii, USA

북태평양

02

03

04

05

하와이에서 가장 번화한 호놀룰루가 있는 섬은 바로 오아후. 사시사철 맑고 청명한 하늘, 낮에는 덥지만 습하지 않고 밤에는 선선한 바람이 불어 언제나 쾌적한 여행이 가능한 곳이다. 광활한 바다와 웅장한 산이 공존하는 대자연의 장관은 보는 이에게 경이로움을 안겨준다.

오아후에는 와이키키 비치, 스노클링의 성지인 하나우마 베이 등 아름다운 태평양을 누릴 수 있는 곳이 많다. 노을이 아름다운 선셋 비치, 거북이가 자주 올라오는 라니아케아 비치, 넓고 깨끗한 백사장이 돋보이는 카일루아 비치도 있다. 렌터카를 이용해 시원하게 뻗은 해안 도로를 따라 드라이브를 즐기는 것도 필수다. 거센 파도와 해안 절벽, 독특하게 솟은 산세까지 감상할 수 있다.

옛 미국의 시골 마을처럼 빈티지한 분위기를 품은 노스쇼어도 들러야 한다. 광활한 자연과 할리우드 영화 촬영지를 함께 볼 수 있는 쿠알로아 랜치와 하와이의 민속촌과도 같은 폴리네시아 문화센터에서 하루를 보내도 좋다. 알라모아나 쇼핑센터, 와이켈레 프리미엄 아웃렛에서 저렴한 가격에 명품 브랜드 제품을 고르는 재미도 쏠쏠하다.

하와이의 바다를 제대로 만끽하고 싶다면 호핑 투어, 스카이다이빙, 선셋 요트 투어 등을 신청해서 즐겨 보자. 해가 지면 호놀룰루 다운타운에서 맥주와 칵테일을 마시며 하루를 마무리하자.

오아후에서 해야 할 일 다섯 가지

❶ 와이키키 해변에서 해수욕 즐기기
❷ 동부 도로를 따라 드라이브하기
❸ 신나게 쇼핑 즐기기
❹ 폴리네시아 문화센터 방문하기
❺ 하나우마 베이에서 스노클링 하기

사진 설명

01 전세계인들이 사랑하는 와이키키 비치 **02** 하와이 출신 수영 금메달리스트 듀크 카하나모쿠의 동상 **03** 보고 먹고 즐길 거리가 가득한 폴리네시아 문화센터 **04** 노스쇼어 명물인 지오반니 새우 푸드트럭 **05** 다이아몬드헤드에서 바라본 와이키키 전경 **06** 스노쿨링 명소 하나우마 베이 **07** 요트 투어 중 만나는 무지개 **08** 여행자의 필수 코스 알라모아나 쇼핑센터 **09** 참치 포케, 로미로미 연어, 칼루아, 포이가 담긴 하와이안 전통 플레이트

06

07

08

09

휴양과 자연
모두를 즐기는 곳

하와이 속 작은 유럽으로 불리는 곳. 자연의 신비함과 옛 하와이 왕국의 정취까지 하와이의 낭만에 빠지게 된다.

미국 하와이 마우이

Maui, Hawaii, USA

북태평양

01

02

03

04

05

하와이에서 두 번째로 큰 섬인 마우이는 50킬로미터에 이르는 아름다운 해변, 이아오 밸리, 혹등고래의 대이동, 거대한 분화구를 볼 수 있는 할레아칼라 국립공원, 고급 리조트 등 여유롭게 대자연과 휴식을 즐길 수 있는 낙원 같은 섬이다. 특히 마우이의 긴 해변을 따라 난 드라이브 코스는 딱히 목적지를 정하지 않고 어딜 가더라도 태평양의 절경을 즐길 수 있다.

서쪽의 카아나팔리 해변과 나필리 해변은 파도가 잔잔하고 물이 깨끗해 스노클링을 즐기기 좋다. 북쪽 해안의 후키파 해변은 파도가 높아 윈드서퍼가 선호하는 곳이며, 바다거북 서식지가 있어 해 질 녘이 되면 바다거북들이 암초로 몰려든다. 남쪽의 마케나 해변은 너른 모래사장이 있어 편하게 수영하거나 일광욕을 즐길 수 있다. 바다 앞에 초승달 모양의 몰로키니 섬 주변은 스노클링을 하며 해양생물과 산호초를 가까이서 살펴볼 수 있다. 그밖에도 동쪽의 블랙샌드 해변이나 붉은 모래가 덮인 카이할루루 해변 등 색다른 바다 경관을 탐방할 수도 있다.

또한 섬에서 가장 높은 할레아칼라 화산은 '태양의 집'이라는 별명이 있는데 산 정상의 천문대에 가면 별이 밝게 빛나는 밤하늘은 숭고한 장관을 연출한다. 날씨가 맑을 때면 전망대에서 몰로카이, 라나이, 빅아일랜드까지 보이기도 한다. 또 섬 서쪽의 이아오 밸리는 울창한 열대우림으로 덮여 있는 원주민의 성지이다. 초목이 무성하기 덮인 바위 산봉우리인 이아오 니들까지 하이킹을 떠나보자. 이곳은 18세기에 하와이를 통일한 카메하메하 1세가 케파이와니 전투를 벌인 역사의 현장이기도 하다.

마우이에서 해야 할 일 세 가지

❶ 할레아칼라 국립공원에서 일몰 감상
❷ 로드 투 하나 드라이브 즐기기
❸ 겨울엔 혹등고래 투어 즐기기

사진 설명
01 할레아칼라 정상에서 본 장엄한 풍경 **02** 인기 럭셔리 호텔 안다즈 마우이 **03** 겨울에만 볼 수 있는 혹등고래 **04** 수영과 스노클링을 즐길 수 있는 카아나팔리 해변 **05** 하와이 왕조의 수도 라하이나 스트리트 **06** 블랙샌드 비치

06

지구가 살아
숨 쉬는 곳

하와이 제도의 6개 섬 중 가장 큰 섬인 빅아일랜드. 활화산부터 시원하게 떨어지는 폭포까지 걸음마다 대자연의 신비를 만날 수 있다.

미국 하와이 빅아일랜드
Big Island, Hawaii, USA

북태평양

01

02

03

04

05

빅아일랜드는 하와이 제도 내 다른 섬들을 모두 합친 것보다 두 배나 큰 섬이다. 이 섬에서는 마우나로아(해발 4,170미터)와 마우나케아(해발 4,205미터) 화산이 만들어 낸 차폐 효과와 고도로 인해 세계 기후대 중 네 가지를 제외한 모든 기후대를 체험할 수 있다. 특이한 지형과 기후는 열대 우림부터 툰드라까지 다채로운 풍경을 만들었는데 그중에서도 화산 국립공원, 마우나케아 전망대는 빅아일랜드를 방문해야 하는 이유로 불릴 만큼 섬 내 주요 명소로 꼽힌다.

섬의 남서쪽에 위치한 화산 국립공원에서는 지구상 가장 활발한 화산 킬라우에아, 부피와 면적이 세계에서 가장 크고 넓은 마우나로아를 만날 수 있다. 분화구에서 지금도 용암이 끓어 오르며 가스와 연기가 끊임없이 피어오르는데 경이로운 장관을 연출한다.

섬 북쪽의 마우나케아는 쏟아질 듯한 별을 관찰할 수 있는 명소로 인기 있다. 빅아일랜드의 일부분은 바닷속에 잠겨 있는데 해저부터의 높이를 재면 10,203미터로 에베레스트 정상(해발 8,848미터) 보다 높다. 산 정상은 지구 대기의 40퍼센트에 위치하여 공기 저항이 적어 천체관측에 완벽한 조건을 갖추고 있다. 해 질 무렵 석양과 운해를 보고, 칠흑 같은 밤하늘을 수놓은 별을 보는 특별한 경험을 놓치지 말자.

빅아일랜드에서 해야 할 일 세 가지

❶ 힐로 파머스 마켓 방문하기
❷ 시원한 물줄기의 아카카 폭포 방문하기
❸ 화산 국립공원에서 활화산 만나기

사진 설명

01 마우나케아 정상에서 본 일출 풍경 **02** 활동 중인 킬라우에아의 용암 **03** 아름답기로 소문난 아카카 폭포 **04** 스노클링을 즐기기 좋은 카할루우 비치 파크 **05** 빅아일랜드의 대자연을 즐기는 드라이브

Special.

하와이의 아름다운 비치 6

쿠히오 비치 - 오아후

쿠히오 비치(Kuhio Beach)는 와이키키에 있는 작은 해변이다. 방파제 앞을 모래로 채워 만든 인공 해변으로 규모가 작아 특히 어린이가 있는 가족들에게 인기 있다. 해변의 이름은 하와이 왕국의 마지막 왕자 쿠히오 왕자의 이름에서 유래된 것으로 해변 입구에서 그의 동상을 볼 수 있다.

와이마날로 비치 파크 - 오아후

와이마날로 비치 파크(Waimanalo Beach Park)는 오아후에서 가장 긴 해변으로 에메랄드빛 바다와 백사장, 산이 어우러진 풍경을 만날 수 있다. 2015년 미국에서 가장 아름다운 해변 1위에 선정됐을 정도로 빼어난 경관을 자랑하며 우리나라 신혼부부들에게도 인기 많은 촬영 장소다.

하나우마 베이 - 오아후

하나우마 베이(Hanauma Bay)는 하와이의 스노클링 성지로 불린다. 해안가로 산호 군락지가 형성되어 있어 물고기가 많고 파도가 잔해 스노클링을 즐기는 데 완벽한 조건을 갖추고 있다. 해양 생물 보호구역으로 특정 요일에는 관광객 입장이 제한되어 해양 생태계 보전 상태가 우수하다.

와이메아 베이 비치 파크 - 오아후

절벽 다이빙 명소로 유명한 와이메아 베이 비치 파크(Waimea Bay Beach Park). 오아후 북부 대표 해변인 이곳은 높이 12미터 절벽에서 다이빙을 즐기려는 사람들로 늘 북적인다. 해변은 와일드한 절벽 다이빙과 상반되게 모래가 곱고 파도가 잔잔해 해수욕을 즐기기에 부담 없다.

마니니오왈리 비치 - 빅아일랜드

빅아일랜드에서 가장 아름다운 해변으로 꼽히는 마니니오왈리 비치(Manini'owali Beach)는 여행객이 원하는 완벽한 요소를 갖추고 있다. 에메랄드빛 바다와 눈부신 백사장이 최고의 비치 뷰를 자랑한다. 해 질 녘 선셋 포인트로도 훌륭해 언제든 방문해도 좋다.

푸날루우 비치 - 빅아일랜드

푸날루우 비치(Punalu'u Beach)는 빅아일랜드의 보석 같은 명소다. 화산 활동으로 생겨난 검은 모래가 가득해 일명 '블랙 샌드 비치'로 불리며, 해수욕은 물론 모래사장에서 쉬고 있는 거북이들을 볼 수도 있어 아이를 동반한 가족 여행자라면 찾아보기 좋다.

해양 액티비티의 천국

푸른 하늘 아래 넘실거리는 파도, 살랑거리는 바람소리, 입맞춤을 하는 연인까지 낭만이 넘치는 곳이다.

미국 사이판 Saipan, USA

서태평양

01

02

03

04

05
I SAIPAN

사이판은 필리핀해와 태평양을 끼고 있는 작은 섬으로 365일 맑고 화창하며 기온은 항상 25~30도를 웃돈다. 계절풍이 있기는 하지만 태풍이 불지 않는 한 언제나 바다에서 신나는 해양 액티비티를 즐길 수 있다. 세계에서 가장 깊은 바다인 마리아나 해구도 북마리아나제도의 동쪽 끝에서 남북 방향으로 약 2,550킬로미터에 걸쳐 뻗어 있다. 사이판의 서쪽 해안은 자연적으로 생긴 산호초가 방파제 역할을 하면서 파도가 없고 잔잔하며, 에메랄드빛을 띠어 신비로움을 더한다. 스노클링, 호핑 투어, 제트스키 등의 해양 스포츠 대부분이 이 서쪽 바다에서 진행된다. 이와 반대로 동쪽 태평양은 조금 더 짙은 푸른색을 보인다.

사이판에는 스쿠버다이빙, 프리다이빙처럼 전문 자격증이 필요한 것부터 스탠드업 패들보드, 카약, 제토베이터 등 가볍게 즐길 수 있는 해양 스포츠 인프라까지 갖춰져 있다. 더욱이 마스크와 스노클, 오리발 등의 장비만 있으면 파우파우 비치, 마이크로 비치, 마나가하섬 등 어디서나 스노클링도 가능하다. 해양 스포츠 말고도 스카이다이빙, ATV, 버기카 등 육지와 하늘에서 즐길 수 있는 액티비티도 있다.

사이판에서 해야 할 일 세 가지

❶ 마나가하섬에서 스노클링 즐기기
❷ 스쿠버다이빙, 프리다이빙 즐기기
❸ 새섬을 배경으로 인생 사진 찍기

사진 설명

01 푸른 바다에서 즐기는 패러세일링 **02** 새섬을 배경으로 셀프 웨딩 사진을 찍는 연인 **03** 진짜 사이판을 즐기는 방법 프리다이빙 **04** 바나나보트 등 다양한 해양 스포츠 **05** 면세 쇼핑의 매력, 스타 샌드 플라자 **06** 사이판 서쪽의 무인도 마나가하섬

06

가족 여행자들의 성지

우리나라에서 가장 가까운 미국으로 휴양과 쇼핑, 먹거리까지 모든 것을 갖추고 있어 가족 여행자들에게 인기다.

미국 괌 Guam, USA

서태평양

01

02

03

04

05

태평양 미크로네시아에 속하는 괌은 아시아에서 가장 가까운 미국이다. 미국령에서 가장 서쪽에 자리하고 있어 '미국에서 아침이 가장 먼저 시작하는 곳'이기도 하다. 우리나라에서 비행기로 4시간 30분이면 도착할 수 있어 아이를 동반한 가족 여행자들의 휴양지로 인기다. 괌은 섬 전체가 면세 구역이라 우리나라보다 20퍼센트 정도 저렴한 가격에 다양한 아이템을 구입할 수 있어 쇼퍼들을 위한 파라다이스로 꼽힌다.

괌은 연중 따뜻한 기후로 아름다운 해변과 다양한 액티비티를 즐길 수 있다. 초심자도 즐기기 좋은 스노클링부터 제트스키, 패러세일링, 돌핀크루즈 등 해양 스포츠는 물론 스카이다이빙, ATV 정글투어, 경비행기 체험도 가능해 심심할 틈이 없다.

우리 입맛에 맞는 다양한 음식도 빠질 수 없다. 괌은 고대부터 내려온 차모로 민족의 전통에 스페인과 미국, 일본의 식민지 시절을 거치며 여러 문화가 더해졌다. 덕분에 차모로 음식부터 수제 버거, 철판 요리, 파인 다이닝까지 다양한 음식을 즐길 수 있다.

제주도의 약 1/3 크기인 괌은 투몬을 중심으로 대부분의 쇼핑센터와 호텔이 위치해 있다. 하루쯤은 렌터카로 남부 투어를 꼭 즐겨보자. 바다를 따라 드라이브를 즐기다 보면 괌의 매력에 흠뻑 빠져들 것이다.

괌에서 해야 할 일 세 가지

❶ 차모로 전통 음식 먹기
❷ 디너쇼, 칵테일 바, 클럽 등 나이트 라이프 즐기기
❸ 면세 혜택 받고 쇼핑 즐기기

사진 설명

01 수심이 얕고 파도가 잔잔해 아이들이 놀기 좋은 투몬 해변 **02** 괌 정부청사에서 본 투몬 **03** 우리 입맛에 맞는 다양한 현지 음식 **04** 호텔에서 즐기는 매직 쇼 **05** 가족 여행자들의 필수 코스 돌핀크루즈

Special.

괌 인생 사진 스폿 6

스페인 광장 Plaza de España

괌의 랜드마크로 과거 스페인 식민지 시절의 흔적이 남아 있는 역사적 장소다. 근처에 아가냐 대성당과 괌 박물관이 있어 함께 들르기 좋다. 괌 박물관을 배경으로 커다란 괌 레터가 설치되어 있어 여행자들에게는 인증샷 필수 코스로 꼽힌다.

아산 비치 Asan Beach

아산 비치 국립공원은 남부 투어 드라이브 중 여행자들이 들르는 코스다. 야자수가 늘어선 산책로에는 산책과 조깅을 즐기는 현지인이 많다. 도심에 비해 한적해 넓은 바다를 마음껏 담을 수 있으며 해 질 녘 풍경도 아름답다.

이나라한 자연풀장 Inarajan Pools

화산활동과 침식작용이 만들어낸 천연 수영장으로 여행자들은 물론 현지인들에게도 즐겨 찾는 곳이다. 다이빙과 수영을 즐기는 사람들이 많다. 다이빙대와 반대편에 펼쳐진 시원한 바다를 배경으로 사진을 찍기 좋다.

투몬 비치 Tumon Beach

길게 뻗은 반달 모양의 투몬 해변을 따라 호텔과 리조트들이 늘어서 있다. 수심이 얕고 맑으며, 일 년 내내 따뜻해 스노클링을 즐기거나 아이들이 놀기에 좋다. 물놀이 대신 햇살 아래 비취색 바다만 봐도 좋다. 해 질 무렵 백사장을 거닐며 노을 지는 로맨틱한 풍경을 감상해보자.

이파오 비치 Ypao Beach

투몬 만에 위치한 해변으로 넓은 공원이 함께 있어 현지인들이 즐겨 찾는 곳이다. 스노클링을 하기 좋지만 모래가 단단하고 산호초가 있어 아쿠아슈즈를 착용하자. 최근 커다란 괌 레터가 설치되어 바다를 배경으로 인생 사진을 찍기 좋다.

피시아이 마린파크 ish Eye Marine Park

미크로네시아 최초의 해중 전망대로 아름다운 피티 베이에 위치한다. 이곳은 산호군이 방파제 역할을 해 해양상물이 서식하기 최적의 조건이다. 300미터 나무 다리를 걸어 가면 9미터 깊이의 수중 세계를 만날 수 있다. 파란 바다를 배경으로 사진을 찍기 좋다.

캐나다의
메가 시티

토론토는 다민족 국가를 지향하는 캐나다의 축소판이다.
어디를 가나 현지인의 친절한 미소를 만날 수 있다.

캐나다 토론토 Toronto, Canada

북아메리카

01

02
TORONTO MAPLE LEAFS
LETS DO THAT
11

03
LA TOUR
CN
TOWER

온타리오 호수 북쪽에 자리한 토론토는 캐나다에서 가장 큰 도시다. 다문화 정책이 잘 뿌리내린 캐나다답게 토론토 사람 중에는 이민자 출신이 많다. 도시에는 리틀 이태리, 그리스타운 같은 이민자 마을이 있으며 차이나타운은 세 곳이나 있을 정도. 세계 여러 문화권에서 온 사람들이 어울려 살다 보니 토론토 사람들은 이방인 누구에게나 친절하며 언제나 기꺼이 도움을 주려고 한다.

유니언역을 기준으로 동쪽이 구시가다. 여름이 되면 역 앞에 토론토의 요리사들이 길거리에서 훌륭한 음식을 대접하고 라이브 공연이 열리는 유니언 서머 마켓이 열린다. 낡은 붉은색 벽돌 건물이 늘어선 거리를 걸으며 갤러리와 공연장, 부티크를 구경해보자. 또 여행자가 몰리는 세인트 로렌스 시장에서 신선한 치즈나 과일, 현지 장인들이 만드는 옷과 기념품을 살 수 있다. 과거 영국 식민지 시대에 양조장이 있던 디스틸러리 구역은 북아메리카에서도 빅토리아 시대 건축물이 가장 잘 보존된 곳이며, 독특한 갤러리와 부티크, 카페와 레스토랑이 많다. 보행자 거리를 따라 극단의 야외 공연이나 음악가들의 버스킹 공연 등 볼거리도 풍성하다.

금융가가 있는 베이스트리트는 단연 토론토의 중심시이며, 이곳에 있는 CN타워는 캐나다 최고의 랜드마크로 꼽힌다. 351미터 높이의 스카이포드에 가면 2.5인치 두께에 불과한 유리 바닥 위에서 완전 자동 개폐식 돔 구장인 로저스 센터를 비롯해 토론토의 마천루를 내려다볼 수 있다. 모험을 즐기고 싶다면 스카이포드 전망대 창밖에서 안전벨트만 메고 난간을 걸어보는 엣지워크에 도전해보자.

토론토에서 해야 할 일 다섯 가지

❶ 토론토 아일랜드에서 카약 타기
❷ 스코샤뱅크 아레나에서 아이스하키 경기 관전하기
❸ 스카이포드 전망대에서 엣지워크 체험하기
❹ 세인트 로렌스 시장에서 기념품 쇼핑하기
❺ 나이아가라 폭포 투어하기

04

05

06

사진 설명

01 토론토 중심에 서 있는 CN타워 **02** 스코샤뱅크 아레나에서 아이스하키 경기를 관람하는 팬 **03** 여행자의 필수 코스 CN타워 **04** CN타워에서 바라본 도심 전경 **05** 나이아가라 폭포 투어 **06** 현지인들이 즐겨 찾는 세인트 로렌스 시장

도시와 자연
두 가지 매력

시원한 맥주를 마시며 화려한 도심 거리를 즐기는 일,
광활한 숲에서 자연의 위대함을 만나는 일.
이 모든 것이 가능한 도시가 밴쿠버다.

캐나다 밴쿠버 Vancouver, Canada

북아메리카

01

02

03

04

토론토, 몬트리올과 함께 캐나다를 대표하는 도시로 우리에게는 워킹 홀리데이, 어학연수지로도 친숙하다. 밴쿠버라는 이름은 태평양을 탐험하던 조지 밴쿠버 선장의 이름을 딴 것이다. 사계절 내내 따뜻하고 도시를 둘러싼 웅장한 자연과 깨끗한 호수가 있어 여행자의 기분을 청량하게 만든다. 밴쿠버의 가장 대표적인 개스타운 거리는 대도시 특유의 분위기인데 앤티크 숍과 카페, 펍이 많아 시간 가는 줄 모른다. 공장 지대를 개조한 그랜빌 아일랜드도 관광명소로 꼽히는데 주말이면 거리 공연이 펼쳐진다.

너른 잔디밭을 보유한 스탠리 공원은 도시 한가운데에 있다는 것이 믿기지 않을 정도로 광활하다. 시민들의 휴식처인 잉글리시 베이 또한 느긋한 여행에 어울리는 곳이다. 이보다 더한 대자연을 만나고 싶다면 북쪽에 있는 린 캐니언 공원을 추천한다. 하늘을 다 가릴 정도로 빽빽한 나무, 보기만 해도 가슴속까지 시원해지는 개울, 바닥이 보이지 않을 정도로 높은 곳에 걸쳐져 있는 린 캐니언 서스펜션 브리지는 높이 70미터, 길이 140미터에 이른다.

힐링 여행을 즐기고 싶다면 밴쿠버에서 페리로 한 시간 반 거리에 위치한 빅토리아섬을 방문해 보자. 영국풍의 건축물과 6,500만 평 규모의 부차트 가든, 말이 끄는 마차, 이층버스 등 이국적인 분위기를 느낄 수 있다. 밤이면 3천 개의 전구가 빛나는 주의회 의사당, 빅토리아 항구의 랜드마크인 페어몬트 호텔에서 인생 사진을 남겨 보자.

밴쿠버에서 해야 할 일 세 가지

❶ 밴쿠버의 메인 스트리트, 개스타운 즐기기
❷ 그랜빌 아일랜드의 양조장에서 맥주 마시기
❸ 린 캐니언 공원에서 서스펜션 브리지 걷기

사진 설명

01 밴쿠버 도심과 공원 전경 **02** 린 캐니언 공원 서스펜션 브릿지 **03** 개스타운의 랜드마크 증기 시계탑 **04** 현지인들의 휴식처 잉글리시 베이 **05** 그랜빌 아일랜드 입구 **06** 페어몬트 호텔 **07** 주의회 의사당 야경 **08** 부차트 가든

05

GRANVILLE
ISLAND
Canada
FRINGE
VancouverFringe.com
Sept. 7–17
FRINGE
Sept.20–24

06

07

08

Special.

캐나다 쇼핑 리스트 6

메이플 시럽 Maple Syrup

단풍의 나라 캐나다에서는 전 세계 생산량의 85퍼센트에 해당하는 메이플 시럽이 생산된다. 캐나다 대표 특산품으로 주로 동부 퀘벡 지방에서 생산되는데 단풍 수액으로 만들어 칼슘, 마그네슘, 칼륨 등 영양소가 풍부하다. 달콤하지만 혈당 수치가 낮아 건강에도 좋다.

아이스 와인 Ice Wine

아이스 와인은 포도를 수확하지 않고 그대로 두어 겨울에 자연적으로 동결된 포도로 만든다. 독일에서 탄생한 아이스 와인은 캐나다로 이주한 독일 이민자들에 의해 캐나다에서 생산되며 대중화됐다. 1병당 20~60달러 선으로 일반 와인보다 비싸지만 진한 단맛과 향으로 찾는 이가 많다.

훈제 연어 육포 Salmon Jerky

연어를 양식하는 캐나다에서는 한국보다 연어를 저렴하게 살 수 있다. 연어 가공품 중 '훈제 연어 육포'는 간식 겸 맥주 안주로 좋은데 가격 부담이 없어 기념품으로 사거나 선물하기에도 좋다. 육가공품은 국내로 반입이 안 되지만 어포는 반입이 가능하다.

이눅슈크 Inukshuk

언뜻 보면 돌을 쌓아놓은 것처럼 보이는 이눅슈크. 북극에 사는 원주민들의 상징으로 2010년 밴쿠버 올림픽 로고로 유명하다. 이눅슈크는 에스키모의 언어로 '친구'라는 뜻이며 사람이 팔을 벌리고 있는 형상은 선의와 우정을 상징한다. 캐나다의 기념품 숍에서 이눅쇼크 기념품을 쉽게 만날 수 있다.

영양제 Nutritional Supplements

캐나다 비타민은 국내 비타민보다 용량이 많고 가격이 저렴하다. 캐나다 국민 비타민으로 불리는 '라코타 조인트케어'는 무릎과 관절에 좋아 중장년층에게 인기 있는데 캐나다에서만 살 수 있다. 그 밖에 오메가3와 글루코사민, 종합 비타민 등이 인기다.

초콜릿 Chocolate

캐나다 특산품인 아이스 와인이나 메이플 시럽이 들어간 초콜릿부터 단풍 모양 초콜릿까지 모양이 다양하고 맛도 좋아 선물이나 기념품으로 좋다. 슈퍼마켓에서는 캐나다 국민과자로 불리는 초콜릿 과자 '커피 크리스피'를 살 수 있는데 우리나라에는 수입되지 않아 간식이나 선물로 인기다.

아스텍 문명의 고도

고대 도시의 폐허 위에 세워진 멕시코시티는
식민지 시대의 건축물과 풍부한 문화유산으로
여행자의 발길을 재촉한다.

멕시코 멕시코시티

Mexico City, Mexico

북아메리카

01

02

03

04

05

멕시코시티 역사 지구는 스페인의 식민 지배와 혁명을 거치며 오늘날까지 멕시코 역사의 중심에 서 있다. 한가운데 거대한 깃발이 있는 소칼로 광장은 메트로폴리탄 대성당과 예배당, 국립 궁전 등 스페인 식민지 양식의 건물들로 둘러싸여 있다. 라틴 아메리카에서 가장 큰 메트로폴리탄 대성당은 아스텍 신전 위에 세워진 교회로 아직도 해골 무늬가 새겨진 신전 유적이 남아 있다. 2세기에 걸쳐 지어진 덕분에 대성당에는 르네상스, 바로크, 신고전주의 등 각 시대의 양식이 혼재되어 있다.

멕시코시티는 파리에 이어 세계에서 두 번째로 박물관이 많은 도시로, 국립 인류학 박물관과 국립 역사 박물관, 예술 궁전, 소우마야 박물관 등 둘러볼 곳이 많다. 멕시코 출신의 대표 화가로 소아마비와 교통사고로 인한 고통스러운 삶을 예술 작품으로 승화시킨 프리다 칼로의 박물관도 빼놓을 수 없다.

아메리카에서 가장 오래된 도심 공원인 차풀테펙 공원에서 여유를 즐기거나, 44층 높이의 마천루 라틴 아메리카 타워에서 역사 지구를 360도 전망으로 내려다보자.

멕시코시티에서 해야 할 일 세 가지

❶ 테오티우아칸 유적 탐방하기
❷ 라 메르세드 시장에서 길거리 음식 먹어보기
❸ 프리다 칼로 박물관 관람하기

사진 설명

01 '신들의 모임 장소'라는 뜻의 테오티우아칸 유적 **02** 소칼로 광장에 위치한 메트로폴리탄 대성당 **03** 독특한 외관의 소우마야 박물관 **04** 차풀테펙 공원에서 바라본 도심 전경 **05** 여행자들의 필수 코스인 프리다 칼로 박물관 **06** 44층 높이의 라틴 아메리카 타워

카리브해의 보석

칸쿤은 에메랄드빛 바다와 고운 백사장이 있어 로맨틱한 여행을 꿈꾸는 사람들이 시간을 보내기에 완벽한 도시다.

멕시코 칸쿤 Cancun, Mexico

북아메리카

01

02

03

04

05

카리브해의 휴양도시 칸쿤은 멕시코 동부 유카탄 반도에 자리한다. 아메리카 대륙에서 가장 인기 있는 휴양지로 에메랄드빛 바다와 고운 백사장, 천혜의 자연환경으로 인해 '카리브해의 보석'으로 불린다. 온화한 기후에 적당한 바람과 습기까지 칸쿤은 연중 최적의 기후 조건을 자랑한다. 여름에는 최고 기온이 34도에 이르지만, 카리브해에서 불어오는 바람으로 시원한 편이고, 겨울에는 아침 저녁으로 날씨가 쌀쌀하지만, 평균 24.5도의 기온을 보이는 덕에 바다에 들어가는 데 무리가 없다.

칸쿤에서는 휴양뿐만 아니라 액티비티, 문화체험 등 다채로운 여행을 즐길 수 있다. 스칼렛과 셀하 같은 세계 최고 수준의 친환경 워터파크에서의 물놀이는 물론 정글 속에서 즐기는 집 라인 등 다양한 액티비티를 즐길 수 있다. 문화체험을 선호하는 사람이라면 칸쿤 일대에 산재해 있는 마야 유적지를 방문할 수 있는데 멕시코가 자랑하는 세계적인 문화유산 치첸이트사나 마야의 아름다운 해상 유적지 툴룸은 칸쿤에서 당일치기 여행으로 다녀올 수 있다.

칸쿤의 백미는 호텔의 올인클루시브 서비스다. 대부분의 호텔에서 레스토랑, 음료, 엔터테인먼트까지 추가 비용 없이 무료로 즐길 수 있다. 덕분에 최근 우리나라 허니무너들 사이에서 최고의 신혼 여행지로 꼽힌다.

칸쿤에서 해야 할 일 다섯 가지

❶ 카리브해에서 해수욕 즐기기
❷ 올인클루시브 호텔에서 종일 먹고 마시기
❸ 피라미드가 있는 치첸이트사 방문하기

사진 설명

01 카리브해의 보석 플라야 델피네스 해변 **02** 친환경 워터파크인 스칼렛 **03** 칸쿤에서 당일치기 여행으로 다녀올 수 있는 툴룸 **04** 마야 문명의 유적지 치첸이트사 **05** 모든 것이 무료인 올인클루시브 호텔 서비스 **06** 칸쿤의 호텔존

Special.

멕시코 세계 문화유산 6

마리아치 Mariachi

멕시코를 상징하는 마리아치 음악은 멕시코의 문화적 정체성을 담고 있다. 소규모 현악기와 관악기로 음악을 연주하고 사랑, 고향, 고국, 종교, 자연, 동포, 국력 등을 가사로 노래한다. 테킬라의 고장으로 알려진 과달라하라가 본고장으로 2011년 유네스코 세계 문화유산에 등재되었다.

테킬라 Tequila

손등에 소금을 올려놓고 핥은 뒤 쭉 들이켜 마시는 테킬라. 멕시코를 대표하는 술로 16세기부터 생산된 테킬라 지역의 전통주다. 할리스코주에 위치한 용설란 재배지 경관과 옛 테킬라 생산 시설은 테킬라 문화를 증거하고 있어 유네스코 문화유산에 등재되었다.

테오티우아칸 Teotihuacan

멕시코에서 가장 오래된 유적지 중 하나인 테오티우아칸은 예로부터 '신들의 도시'라 불렸다. 이곳에는 해와 달을 상징하는 거대한 피라미드가 있는데 아메리카 대륙에서 발견된 피라미드 중 가장 크다. 멕시코시티에서 자동차로 1시간 남짓한 거리에 있다.

치첸이트사 Chichén Itza

멕시코 대표 문화유산 치첸이트사는 마야 문명의 중심지였다. 이곳에는 마야의 건축과 천문학 기술에 대해 살펴볼 수 있는 피라미드 '엘 카스티요'가 있다. 15세기경 버려진 치첸이트사는 19세기 후반에 발견되었는데 현존하는 마야 유적 중 가장 온전하게 보존되어 가치가 높다.

푸에블라 역사 지구 Historic Centre of Puebla

역사와 전통이 있는 이 도시에서는 유럽과 아메리카 양식이 융합되어 독특한 바로크 양식이 탄생했다. 알록달록 스페인 식민지풍 건물이 산재해 있으며 스페인에서 전래한 기술로 탄생한 세라믹 공예 특산품 '탈라벨라 포블라노'를 도심 곳곳에서 볼 수 있다.

과나후아토 역사 마을 Historic Town of Guanajuato

디즈니 애니메이션 〈코코〉의 배경지로 잘 알려진 과나후아토 역사 마을은 18세기 세계 최대 은 생산지로 번영을 누린 도시다. 다양한 양식의 건축물이 도시에 세워졌고, 멕시코 중부 건축에 영향을 주었다 하여 구시가지와 광산이 유네스코 세계 문화유산으로 등재되었다.

Plus.

아메리카 여행 미리 떠나기

영화 〈라라랜드(La La Land, 2016)〉

현실과 동떨어진 몽상 속의 세상을 뜻하는 '라라랜드'는 로스앤젤레스의 별명이며, 영화는 예술가를 꿈꾸는 세바스찬과 미아의 이야기를 그린다. 도시 외곽 고가도로의 극심한 교통 체증, 그리피스 파크의 야경, 허모사 해변의 재즈 카페와 부두처럼 로스앤젤레스의 구석구석을 음악과 함께 즐길 수 있다.

영화 〈첫 키스만 50번째(50 First Dates, 2004)〉

하와이 수족관에서 동물을 돌보는 헨리는 교통사고로 단기 기억상실증에 걸린 루시에게 사랑에 빠지고 날마다 새로운 방식으로 데이트를 신청한다. 헨리가 일하며 두 사람이 데이트하던 씨 라이프 파크, 루시의 집이 있는 쿠알로아 목장, 두 사람이 또 한 번 첫 키스를 나누는 마카푸우 등대 등 오아후의 구석구석을 보여준다.

영화 〈블루 재스민(Blue Jasmine, 2013)〉

뉴욕에서 남편의 외도로 기댈 곳을 잃은 재스민은 동생을 찾아 샌프란시스코로 간다. 고풍스러운 목조 주택이 줄지어 있는 반 네스 애비뉴, 르네상스 양식의 샌프란시스코 시청, 활기 넘치는 차이나타운, 태평양과 알카트라즈섬이 내려다보이는 러시안 언덕 등 샌프란시스코의 햇살 가득한 풍경이 몰락한 재스민의 우울함과 대비된다.

영화 〈디센던트(The Descendants, 2011)〉

잘 나가는 변호사 맷의 아내는 보트 사고로 혼수상태에 빠진다. 맷은 막내 딸과 함께 기숙사에 있는 큰 딸 알렉산드라에게 엄마의 상태를 전하러 간다. 알렉산드라는 엄마가 다른 남자를 만나고 있었다고 이야기해 맷은 혼란에 빠진다. 딸들과 함께 아내의 장례를 치르면서 벌어지는 가족에 대한 이야기다. 하와이의 카우아이와 빅아일랜드가 배경으로 나온다.

영화 〈프리다(Frida, 2002)〉

멕시코의 대표 화가 프리다 칼로의 고단했던 삶을 아낌 없이 보여주는 전기 영화다. 그녀는 일생 동안 두 번의 대형사고를 겪었다고 말한다. 첫 번째는 전차에 치여 끔찍한 사고를 당한 것, 그리고 두 번째는 디에고를 만난 것. 소아마비와 교통사고의 아픔과 사랑의 끈을 놓지 못한 불행을 작품으로 승화시킨 그녀의 삶이 녹아 있다.

책 《위대한 개츠비(The Great Gatsby, 1925)》

황금만능주의가 판치던 금주법 시대 미국 뉴욕을 배경으로 자수성가한 백만장자 개츠비의 이야기. 화려한 파티가 벌어지는 롱아일랜드의 화려한 저택과 광고탑이 서 있는 음울한 재의 계곡은 가상의 공간이지만 1920년대 뉴욕의 번잡한 도시 분위기를 보여주는 데 모자람이 없다.

Asia & Oceania.

아시아 & 오세아니아

싱가포르 _ 싱가포르

베트남 _ 다낭, 호찌민, 하노이

대만 _ 타이베이, 가오슝

중국 _ 청두, 상하이, 광저우, 마카오, 홍콩

일본 _ 도쿄, 교토, 오사카, 삿포로, 고베, 오키나와

호주 _ 시드니, 멜버른

뉴질랜드 _ 오클랜드

* 큐알 코드를 스캔하면 '방구석 랜선 여행_아시아편' 유튜브로 연결

다채로운 사자의 도시

식민지 시대부터 지금까지 여러 민족이 공존해온 싱가포르는 그만큼 다양한 매력을 품고 있다.

싱가포르 Singapore

동남아시아

02

03

04

동아시아의 축소판으로 불리는 싱가포르에선 거리마다 다른 문화를 느낄 수 있다. 가장 활력이 넘치는 오차드 로드는 원래 농장과 과수원으로 가는 농로였다가 탕스 백화점이 들어서면서 동아시아 최대 쇼핑 거리로 탈바꿈했다. 탕스 백화점은 옥색 탑 모양 지붕과 붉은 기둥으로 중국의 오래된 성을 연상시킨다.

차이나타운은 화교의 거주지로 도교 사원, 불교 사찰과 박물관, 중국 음식 거리 등이 있다. 구시가인 캄퐁 글램에는 술탄 모스크가 있고 말레이 왕족이 사는 곳이기도 하다. 리틀 인디아 거리에서는 힌두교 사원, 도교 사원, 모스크, 교회가 공존하는 모습을 볼 수 있다.

싱가포르 하면 가장 먼저 떠오르는 것은 바로 멀라이언과 마리나 베이 샌즈다. 멀라이언은 상체는 사자, 하체는 물고기 형상을 한 가상의 동물로 멀라이언 공원과 센토사섬의 멀라이언 조형물이 가장 유명하다. 멀라이언 공원에서는 멀라이언상 입에서 뿜어져 나오는 물을 배경으로 인증샷을 찍는 여행자들의 모습을 쉽게 볼 수 있다. 센토사섬의 멀라이언 조형물은 높이 37미터로 싱가포르에 있는 7개 멀라이언 조형물 중 가장 규모가 크다.

마리나 베이 샌즈는 최고급 호텔로 나란히 서 있는 200미터의 고층 빌딩 세 개 위에 배 모양의 수영장이 있다. 인피니티 풀로 싱가포르의 아름다운 야경을 즐길 수 있어 여행자들에게는 성지와 같은 곳이다.

호텔 옆에 있는 가든스 바이 더 베이는 현대와 자연의 아름다운 조화를 보여주는 거대한 인공 정원으로, 밤이 되면 슈퍼 트리와 마리나 베이 샌즈의 라이트 쇼, 클락 키와 보트 키의 활기찬 분위기가 여행자를 사로잡는다.

다양하고 풍부한 식문화 중에서 특히 칠리크랩과 카야 토스트, 싱가포르 슬링이 인기다. 이 밖에 락사, 치킨 라이스, 로작 등 말레이시아 음식을 포함해 인도, 중국 음식까지 다양하게 즐길 수 있다.

싱가포르에서 해야 할 일 다섯 가지

❶ 가든스 바이 더 베이에서 야간 조명 쇼 감상하기
❷ 티옹 바루의 카페에서 카야 토스트 먹어보기
❸ 오차드 로드나 부기스에서 쇼핑하기
❹ 유니버설 스튜디오 탐방하기
❺ 클락 키에서 리버크루즈 타기

사진 설명

01 마리나 베이 샌즈 인피니티 풀에서 바라본 도심 전경 **02** 센토사섬에 위치한 유니버설 스튜디오 **03** 사자의 머리를 한 멀라이언 분수 **04** 연꽃 모양을 한 아트 사이언스 뮤지엄과 그 뒤에 위치한 마리나 베이 샌즈 **05** 리버크루즈를 즐길 수 있는 클락 키의 야경 **06** 부기스 아랍 거리의 이슬람 사원 **07** 싱가포르 여행의 필수 음식 카야 토스트

한국인이
사랑하는 휴양지

다양한 볼거리와 맛있는 음식, 저렴한 물가에 아늑한 리조트까지 두루 갖춘 다낭은 사랑할 수밖에 없는 도시다.

베트남 다낭 Da Nang, Vietnam

동남아시아

01

02

03

04

05

한국인이 사랑하는 여행지 베트남 다낭. 이곳을 찾는 여행자가 크게 늘면서 럭셔리 리조트와 풀빌라, 호텔들이 자리 잡기 시작했다. 저렴한 물가 덕분에 관광과 휴식, 맛있는 식사까지 한번에 가능하다.

고급스러운 풀빌라에서 느긋하게 힐링을 하거나 세계 10대 비치 중 하나인 미케 비치를 천천히 거닐며 여유를 가져도 좋다. 한시장에서 라탄 가방이나 커피 등 기념품을 고르며 흥정하는 일도 즐거운 경험이 될 것이다. 밤에는 용다리 옆에서 선짜 야시장이 문을 연다. 북적이는 인파에 섞여 기념품을 쇼핑하고, 맛있는 길거리 음식을 맛보며 여행의 밤을 보내보자. 가격이 저렴하므로 양껏 먹어도 부담이 없다.

다낭 하면 근교 여행지도 빼놓을 수 없다. 다낭과 30분 거리에 있는 호이안 올드타운은 꼭 방문해야 하는 필수 코스. 유네스코 세계유산으로 지정된 곳으로 노란색 외벽에 붉은 지붕, 밤이면 하나둘씩 켜지는 색색의 등불이 굉장히 아름답다. 동굴 속에 신비한 사원이 있는 오행산과 바나힐의 골든 브릿지를 배경으로 사진을 찍는 것도 잊지 말아야 한다.

저렴하고 맛있기로 소문한 베트남 음식과 함께 식도락을 즐겨도 좋다. 달콤하고 시원한 코코넛 커피, 100퍼센트 생망고로 반든 망고주스는 물론, 호이안 3대 반미 집을 찾아 베트남식 샌드위치도 먹어 보자. 이외에도 쌀국수, 분짜, 까우로우, 반쎄오, 화이트로즈 만두 등 한국인 여행자 입에도 꼭 맞는 음식을 즐겨 보자

사진 설명

01 베트남 전통 의상 아오자이 체험을 할 수 있는 호이안 올드타운 **02** 최고의 휴식을 즐길 수 있는 빈펄 럭셔리 다낭 리조트 **03** 언덕 위에 위치한 바나힐 테마파크 **04** 바나힐의 랜드마크인 골든 브릿지 **05** 한강의 아름다운 야경 **06** 세계 10대 비치 중 하나인 미케 비치 **07** 여행자들의 필수 코스 한시장 **08** 콩 카페의 코코넛 커피 **09** 호이안 바구니배 타기 체험

다낭에서 해야 할 일 다섯 가지

❶ 한시장에서 기념품 사며 흥정하기
❷ 반세오, 까우로우, 화이트로즈 맛보기
❸ 바나힐 테마파크 방문하기
❹ 호이안 올드타운 산책하기
❺ 마사지 받으며 힐링하기

06

07

08

09

동양의 파리라
불리는 곳

프랑스 식민 지배와 베트남 전쟁의 역사의 궤적을 따라 가보고
역동적인 베트남 사람들의 삶을 가까이서 살펴보자.

베트남 호찌민

Ho Chi Minh City, Vietnam

동남아시아

01

02

AQUA

03

04

05

BIA SAIGON
BEN THANH
BIA SAIGON
STREET FOOD MARKET
AUTHENTIC

과거에 '사이공'으로 불리던 도시 호찌민은 베트남에서 서양 문화가 가장 먼저 들어와 세련되고 이국적인 분위기를 풍긴다. 시계탑과 붉은 지붕이 있는 인민위원회 청사(시청)나 중앙 우체국 건물, 고딕 양식의 노트르담 대성당, 오페라 하우스처럼 아름다운 프랑스식 건물이 많아 '동양의 파리'라고도 불린다.

이 도시는 베트남의 경제 중심지이기도 하다. 연꽃 봉오리 모양의 비텍스코 파이낸셜 타워, 베트남에서 가장 높은 랜드마크 81의 스카이 데크는 호찌민의 중심 번화가를 살펴보기에 가장 좋은 곳이다.

호찌민 시민들의 일상생활을 살펴보려면 도시에서 가장 큰 시장인 빈떠이 시장을 찾아가자. 옷, 귀금속, 생활 잡화, 기념품 등 다양한 물품은 물론이고 엄청난 인파와 바이크 구경도 할 수 있다. 여행자가 몰리는 데탐 거리를 걷다가 연유를 넣어 마시는 베트남 커피, 두리안과 아보카도를 갈아 넣은 과일 스무디 신또를 마시며 휴식을 취하자.

호찌민에서 해야 할 일 세 가지

❶ 루프탑 바에서 야경 즐기기
❷ 벤탄 야시장에서 액세서리 쇼핑하기
❸ 베트남식 커피 마시기

사진 설명

01 인민위원회 청사 앞에 서 있는 호찌민 동상 **02** 루프탑 바에서 즐기는 도심 전경 **03** 아름다운 고딕 양식의 노트르담 대성당 **04** 벤탄 야시장 앞 도로 풍경 **05** 밤에 더 재미있는 벤탄 야시장 **06** 베트남식 커피 즐기기

독립과 통일의 상징

하노이에서 베트남 영웅 호찌민은 중요한 인물이다. 도시는 그를 추앙하는 명소와 역사적인 건축물, 식민 시절의 흔적 등 다양한 볼거리를 갖췄다.

베트남 하노이 Hanoi, Vietnam

동남아시아

베트남의 수도를 호찌민으로 알고 있는 사람이 많지만, 사실은 하노이가 수도다. 과거 베트남 전쟁 이전 베트남은 한국처럼 남과 북으로 나누어졌는데 그 당시 남베트남의 수도는 호찌민(사이공), 북베트남의 수도가 하노이였다. 산업이 발달하고 더 번화한 곳은 호찌민이지만, 하노이에는 세월이 지나면서 묻어난 역사의 흔적이 보다 많이 남아 도시 전체가 독특한 분위기를 형성하고 있다. 특히 하노이 주석궁, 오페라하우스 등 식민지 시절에 지어진 프랑스식 건물도 쉽게 볼 수 있다.

하노이 여행을 위해서는 베트남의 국가 영웅, 호찌민에 대해서 조금은 알아야 한다. 프랑스로부터의 독립과 전쟁 후 남북으로 갈라진 베트남의 통일을 앞장서서 이끈 사람이 바로 호찌민이다. 호찌민이 수립한 북베트남의 수도가 하노이였기 때문에 호찌민 박물관과 호찌민 생가, 호찌민의 묘소가 모두 하노이에 있다. 여행객만큼이나 현지 사람들도 많이 찾아가는 곳이기도 하다. 독립을 선언하고 민주공화국을 수립했던 바딘 광장은 베트남 역사의 한 획을 그었던 장소로 이곳에 호찌민 묘소가 있다.

잔잔한 호안끼엠 호수에서 산책도 해보고, 붉은 목조 다리에서 멋진 사진도 남겨보자. 연못 중앙에 있는 못꼿 사원은 하노이의 유명 관광지 중 하나다. 한국인 입에 잘 맞는 베트남 음식을 맛보는 것도 즐거운 여행 방법의 하나. 재미있는 점은 하노이에서 맛있기로 유명한 레스토랑 중에 북한 레스토랑이 있다는 것. 대동강 맥주와 진짜 평양냉면을 경험해 보는 건 어떨까.

하노이에서 해야 할 일 세 가지

❶ 하노이 북한 레스토랑에서 식사하기
❷ 하노이식 쌀국수 맛보기
❸ 동쑤언 시장에서 밤 문화 즐기기

사진 설명

01 하노이 바딘 광장의 호찌민 묘소 **02** 부담 없이 즐기는 다양한 베트남 요리 **03** 1049년 리타이통 왕이 세운 못꼿 사원 **04** 현지인들의 휴식처 호안끼엠 호수 **05** 호찌민이 1958년부터 사망할 때까지 거주했던 곳

Special.

베트남 대표 먹거리 6

퍼보 Pho Bo

퍼보는 대표적인 베트남 쌀국수 소고기(보)로 맛을 낸 쌀국수로 쌀국수 퍼의 원조이다. 푹 고아낸 소뼈 육수가 의외로 담백해 남녀노소 누구나 입맛에 잘 맞는다. 고명으로 올리는 소고기의 부위와 조리법에 따라 이름이 달라진다.

미꽝 Mi Quang

중부 지방의 명물 비빔 쌀국수인 미꽝은 국물이 적은 대신 양념장에 비벼 먹는 쌀국수다. 땅콩가루와 함께 새우, 돼지고기, 닭고기, 채소 등 토핑을 선택할 수 있다. 강황가루를 넣어 노란 빛을 띠는 면발은 두툼하면서도 쫄깃하다. 잘게 부순 반퐁똠(새우 쌀과자)과 레몬즙을 함께 넣고 비비면 더욱 맛있다.

반쎄오 Ban Xeo

취향대로 고를 수 있는 베트남식 빈대떡인 반쎄오는 쌀가루 반죽에 새우나 돼지고기, 숙주를 비롯한 각종 채소를 듬뿍 넣고 반으로 접어 반달 모양으로 부친다. 겉은 바삭하고 속은 다양한 재료들이 아삭거리는 것이 빈대떡과 비슷하다. 주로 채소에 싸 먹는다.

넴루이 Nem Lui

넴 루이는 양념한 고기를 뭉쳐서 나무꼬치에 꽂아서 석쇠에 구운 것이다. 먹을 때는 꼬치에서 고기를 빼서 라이스페이퍼에 넣고 각종 채소와 함께 롤처럼 만 다음 땅콩 소스에 찍어 먹는다. 후에 지방에서는 나무꼬치 대신 레몬그라스 줄기를 사용해 고기에 향이 스미게 한다.

분짜 Bun Cha

국수와 바비큐, 짜조를 한번에 숯불구이와 국수를 곁들여 먹는 분짜는 직화로 구운 숯불고기와 시원한 소면, 토핑으로 뿌려진 땅콩가루가 묘하게 어울린다. 새콤달콤한 육수에 면을 적셔 고기와 함께 먹으면 색다른 맛을 즐길 수 있다. 튀긴 스프링롤인 짜조가 함께 나오는데 달콤한 피시 소스에 찍어 먹으면 된다.

반미 Banh Mi

프랑스의 영향을 받아 바게트가 유명하다. 바게트 샌드위치인 반미는 아침식사나 간식으로 즐겨 먹는다. 돼지고기, 소고기, 닭고기 등 취향에 따라 속재료와 소스를 선택할 수 있다. 쫄깃한 바게트와 고기, 칠리소스가 어우러진 맛이 훌륭하고 양이 넉넉해 하나만 먹어도 든든하다.

도시 여행의
모든 재미

저렴한 물가, 맛있는 음식, 중국과 일본의 문화를 동시에 만나는 특별한 재미까지. 이 도시의 매력에 빠지는 건 당연하다.

대만 타이베이 Taipei, Taiwan

동아시아

01

02

03

04

05

중국과 일본 문화가 묘한 조화를 이루는 도시 타이베이는 여행자들에게 천국과도 같은 곳이다. 대중교통이 잘 갖춰져 있는 데다가 저렴한 물가, 깨끗한 거리, 다양한 볼거리, 풍족한 음식들이 있어 즐거운 마음으로 여행할 수 있는 도시다. 특히나 곳곳에서 열리는 야시장이 여행자를 매료시키는데, 그중 스린 야시장이 규모가 가장 크고 언제나 북새통을 이룬다. 여행 기념품을 사도 좋고 마작, 풍선 터트리기 등의 게임을 즐기는 시민을 구경하는 것도 재밌다. 다양한 종류의 꼬치, 과일 주스, 버블티, 디저트, 곱창 국수, 취두부 등 길거리 음식을 먹다 보면 시간이 훌쩍 흐른다.

대만은 다채로운 디저트 문화로도 유명한데, 그 가운데 생과일이 올라간 망고 빙수는 놓치지 말아야 한다. 한국의 명동처럼 번화한 시먼딩에서 쇼핑을 즐기고, 공장을 복합문화 단지로 바꾼 송산문창원구와 화산1914 창의문화원구에서 개성 넘치는 로컬 숍을 구경해도 좋다. 용산사에서 연애 운을 비는 것도 잊지 말자. 약 70만 개의 보물을 소장한 타이완 고궁박물원은 3개월마다 전시품을 바꾸는 곳으로 유명하다. 언제 방문해도 새로운 보물을 볼 수 있어 특별하다. 타이베이의 상징인 101타워 전망대에 오르면 환하게 반짝이는 도시의 야경을 볼 수 있다.

도시에서만 머물지 말고 핑시선 기차를 타고 인근에 있는 지우펀도 꼭 방문해볼 것. 영화 〈센과 치히로의 행방불명〉의 배경지로, 건물에 달려 있는 붉은 등과 좁은 골목길이 풍기는 운치가 특별하다. 파도와 바람이 만들어낸 조각공원 예류지질공원, 영화 〈말할 수 없는 비밀〉 촬영지였던 단수이도 인기 코스다.

타이베이에서 해야 할 일 다섯 가지

❶ 101타워에서 도시 야경 감상하기
❷ 스린 야시장에서 길거리 음식 사 먹기
❸ 기차 타고 지우펀 방문하기
❹ 고궁박물원에서 전시 구경하기
❺ 우육면, 곱창국수 맛보기

사진 설명

01 지우펀의 길거리 음식 **02** 우리나라에서도 인기인 대만식 버블티 **03** 밤의 필수 코스 스린 야시장 **04** 타이베이의 랜드마크 101타워 **05** 문화예술의 중심지 송산문창원구 **06** <센과 치히로의 행방불명>의 배경지로 유명한 지우펀 **07** 타이베이에서 자동차로 1시간 거리에 위치한 예류지질공원

06

07

유유자적 낭만을 즐기는 항구 도시

차분하고 아늑한 분위기가 감도는 항구 도시. 유유자적 느긋한 여행을 즐기기 좋다.

대만 가오슝 Kaohsiung, Taiwan

동아시아

01

02

03

04

05

대만 제2의 도시 가오슝은 대만섬 남부에 자리한 항구 도시다. 인천에서 비행기로 3시간이면 도착할 만큼 가깝고, 가성비가 좋아 있어 타이베이와 함께 인기 여행지로 손꼽힌다. 1년 내 화창한 날씨가 이어져 무더위가 극심한 여름철을 제외한다면 연중 언제든 방문해도 좋다. 타이베이처럼 북적거림과 화려함은 없지만, 특유의 깔끔하고 여유로운 분위기가 있어 느긋하게 시간을 보낼 수 있다. 가오슝의 지하철 MRT는 주요 관광지를 연결하고 있어 뚜벅이 여행자의 도심 여행을 돕는다.

연지담은 도시가 자랑하는 호수로 화려한 사원들이 모여있다. 이곳의 랜드마크는 7층 높이의 두 탑으로 이루어진 용호탑이다. 탑의 입구는 각각 화려하게 장식된 용과 호랑이 모습을 하고 있는데 '나쁜 기운을 가지고 용의 입으로 들어가 좋은 기운을 가지고 호랑이 입으로 나온다'라는 전설이 전해진다. 전통과 조화로운 풍경이 매력적인 연지담은 낮에 방문해도 좋지만, 야경을 즐길 목적으로 방문하면 더 좋다.

색다른 여행을 원한다면 항만 일대 공장과 물류창고를 재생한 보얼예술특구를 방문해보자. 이곳은 발걸음 닿는 모든 곳이 사진 포인트로 불릴 만큼 특색 있는 명소다. 세월을 간직한 건물과 컨테이너는 알록달록한 벽화로 꾸며지고 곳곳을 수놓은 조형물과 거대한 야외 박물관을 이룬다.

종일 관광을 즐겼다면 대만 여행의 묘미로 불리는 식도락을 즐길 시간. 저녁부터 새벽까지만 열리는 리우허 야시장에는 이국적이고 맛있는 먹거리가 가득하다. 가오슝 여행의 필수코스로 불릴만큼 대만 대표 먹거리를 모두 맛볼 수 있다.

사진 설명

01 인생샷을 남길 수 있는 보얼예술특구 **02** 밤에 더 아름다운 연지담의 용호탑 **03** 압도적 규모를 자랑하는 불타기념관 **04** 멀리 보이는 85스카이타워와 보얼예술특구를 지나는 LRT(경전철) **05** 충렬사에 전망대에서 바라본 도심 전경 **06** 도심에서 페리로 10분 거리에 위치한 치진섬 **07** 먹을거리가 가득한 리허우 야시장 **08** 화려한 색감의 미려도 MRT역 **09** 대만의 하와이라 불리는 컨딩

가오슝에서 해야 할 일 다섯 가지

❶ 보얼예술특구 산책하기
❷ 대만 최대 불교사원 불타기념관 방문하기
❸ 치진섬 해산물 거리에서 해산물 맛보기
❹ 세상에서 가장 아름다운 미려도 MRT역
❺ 가오슝에서 1시간 거리에 위치한 컨딩

06

07

08

09

Special.
대만 대표 먹거리 6

소룡포 小籠包

샤오롱바오. 다진 고기를 얇은 반죽에 감싸 찜통에서 쪄내는 중화권 만두다. 보통 만두와는 다르게 육즙이 가득하다. 딘타이펑은 가장 맛있는 소룡포를 맛볼 수 있는 곳으로 전통적인 소룡포는 14개의 주름을 잡아 만드는데 이곳의 소룡포는 정교하게 18개의 주름을 잡아 만든다.

닭튀김 雞排

지파이. 대만 야시장에서 꼭 맛봐야 하는 닭튀김. '치킨 까스'라는 뜻의 지파이는 먹거리 천국인 대만 야시장에서 가장 인기있는 음식이다. 닭가슴살을 얇게 저며 튀겨 바삭하면서도 쫄깃한 맛이 일품이다. 3천 원이 채 안 되는 착한 가격의 지파이는 양이 푸짐해 먹다 지친다는 말이 있을 정도.

우육면 牛肉麵

뉴러우멘. 뉴러우멘은 국물의 감칠맛이 느껴지는 대만 국민 먹거리다. 고명으로 양지머리나 도가니가 얹어 나오는데 면과 국물이 푸짐해 한 끼 식사로 훌륭하다. 이 요리는 소고기 육수를 기본으로 사용하는 칭뚠과 간장 양념이 추가된 홍샤오로 나뉜다. 홍샤오는 자극적이고 향이 강해 호불호가 나뉘는 편이다.

파인애플 케이크 凤梨酥

펑리수는 대만 대표 간식이다. 밀가루, 버터, 계란, 설탕으로 만든 반죽 안에 파인애플 잼을 넣고 구워 만든다. 과육이 살아있는 파인애플 잼 덕분에 상큼함과 달달함 모두 맛볼 수 있다. 예쁘게 포장된 펑리수는 가격 부담이 적어 기념 선물로 인기 있다.

버블 밀크티 珍珠奶茶

쩐주나이차. 버블 밀크티는 홍차를 베이스로 한 밀크티에 쩐주(타피오카 펄)가 들어간 음료다. 대만에서 유행하며 전 세계에서 사랑받는 음료가 되었지만 본고장에서 맛보는 밀크티는 더욱 특별하다. 쫄깃한 식감의 쩐주와 고소한 밀크티의 조화로움은 대만 여행을 다시 생각나게 할 만큼 마력을 가졌다.

망고 빙수 芒果刨冰

망궈쏴삥. 여름철 대만에서 맛볼 수 있는 가장 맛있는 과일 망고. 그냥 먹어도 맛있지만, 망고를 넣어 만든 빙수는 대만 여행객들이 가장 좋아하는 디저트로 손꼽힌다. 시원한 빙수와 어우러진 망고의 상큼함은 여행으로 쌓인 피로를 싹 잊게 해주기에 충분하다. 대만 여행 중 1일 1 망고 빙수는 필수!

매운 음식의 천국

알싸한 사천요리의 매력을 제대로 즐기고 싶다면 바로 이곳.

중국 청두 Chengdu, China

동아시아

01

02

03

04

05

청두 하면 사천 음식 이야기를 빼놓을 수 없다. 중국 4대 요리 중 하나인 사천요리를 즐기기에 청두만큼 완벽한 곳도 없다. 물론 청두에는 먹거리 외에 볼 만한 관광 명소도 많다. 중국의 국보인 판다를 만날 수 있는 사천 판다 보육기지가 바로 이곳에 있다. 새끼부터 성체까지, 귀한 동물을 눈앞에서 볼 수 있어 특별하다.

또한 사천 음식의 역사를 되짚어가는 사천요리 박물관, 유네스코 세계 문화유산으로 지정된 도강언과 과거 촉나라 시대를 재현해놓은 진리 거리 등 볼거리가 가득하다. 특히 진리 거리는 중국의 전통 건물이 직선으로 이어져 깔끔하며 기념품 숍과 카페, 레스토랑 등이 많다. 한국에서도 유명한 훠궈와 마파두부, 중국식 족발과 우육면 등 다양한 요리도 맛볼 수 있다. 얼얼한 산초의 매운맛이 익숙하지 않다면 다른 즐길거리를 찾아봐도 좋다. 고개를 돌릴 때마다 가면이 바뀌는 천극의 변검 공연은 언제나 만석이다.

일정이 넉넉하다면 세계 최대 석각대불이 있는 아미산 근교 여행, 유비와 제갈량의 사당 무후사, 영화 〈호우시절〉의 촬영지였던 두보초당도 방문해보길 추천한다.

청두에서 해야 할 일 세 가지

❶ 마파두부와 훠궈 맛보기
❷ 천극 감상하기
❸ 판다 보육기지에서 판다 만나기

사진 설명

01 사천 스타일 훠궈 **02** 유네스코 세계문화유산으로 지정된 진나라의 수리시설인 도강언 **03** 사천 지역의 전통 연극인 천극 **04** 두부를 이용한 다양한 요리 **05** 촉나라의 거리를 재현한 진리 거리 **06** 판다 보육기지에서 만나는 판다

중국의
과거와 현재

초현대식 스카이라인과 낭만적인 19세기풍 유럽 거리가 공존하는 상하이로 시간 여행을 떠나보자.

중국 상하이 Shanghai, China

동아시아

01

상하이는 황푸강을 사이에 두고 과거와 미래가 나뉜다. 강 서쪽 와이탄은 19세기부터 영국과 프랑스의 조계가 있어서 로마네스크, 고딕, 르네상스, 바로크, 신고전주의 등 유럽 양식의 건축물이 들어섰다. 특히 밤이면 화려한 조명으로 건물을 밝혀 낭만적인 분위기를 더한다.

와이탄과 이어진 난징루는 100년이 넘도록 상하이 최대 번화가를 이루고 있다. 중국과 유럽의 건축 양식이 묘하게 섞인 연립주택 '스쿠먼'은 상하이만의 독특한 건축 양식이다. 20세기 초에 세워진 이 건물은 이제 갤러리나 부티크, 노천 카페로 쓰이고 있다. 스쿠먼이 밀집한 신톈디, 톈즈팡은 상하이 여행의 필수 코스로 자리 잡았다.

강 동쪽은 푸둥이라고 하며 중국의 고속 성장을 상징하는 곳이기도 하다. 동방명주탑, 진마오 타워, 상하이 월드 파이낸셜 센터 등 중국을 대표하는 초고층 빌딩이 가득하다. 상하이의 랜드마크인 동방명주탑은 거대한 구를 세 기둥이 떠받치는 독특한 모양으로 눈길을 끄는데 밤이 되면 현란한 조명이 수를 놓는다.

2018년 개장한 상하이타워는 632미터의 중국 최고층 건물로 아름다운 전망을 자랑한다. 푸동의 중심인 슈퍼 브랜드몰에서 미식을 즐기고 쇼핑을 하거나, 강변을 거닐며 건너편 와이탄 건축군을 조망하는 것도 추천한다.

02

상하이에서 해야 할 일 세 가지

❶ 동방명주 전망대 올라가기
❷ 군만두 성젠바오와 가재요리 롱샤 먹어보기
❸ 예원 상가에서 기념품 쇼핑하기

사진 설명

01 와이탄에서 본 푸동의 고층 건물 전경 **02** 상하이의 랜드마크 동방명주탑 야경 **03** 황푸강과 와이탄의 야경 **04** 스쿠먼 양식 건물의 상점 **05** 동방명주탑에서 바라본 도심 전경 **06** 상하이식 만두 성젠바오

03

04

05

06

중국 3대 도시의 매력

한나라 때부터 시작된 무역으로 중국 최대의 무역 도시로 발전, 베이징과 상하이와 함께 중국 3대 도시로 꼽힌다.

중국 광저우 Guangzhou, China

동아시아

01

02

03

04

05

중국 남부의 주강 삼각주에 자리 잡고 있는 광저우는 2200년 동안 중국 역사에서 무역과 문화 교류, 혁명, 개혁 개방의 현장이었다. 진씨서원은 광둥 지방의 건축 양식이 잘 보존된 건축물이다. 서까래와 용마루, 기둥이 정교한 조각으로 장식되어 있어 이채롭다. '링난 건축'이라고도 하는 이 지역의 건축 양식은 발코니 같은 열린 공간이 많고 습기에 강한 자재를 주로 써서 이 지역의 아열대 기후에 적합하다. 구시가에는 도로를 따라 전통 건축 양식으로 장식된 2층 높이의 아케이드가 늘어서 있다.

한편 샤멘섬은 송나라 시대부터 대외 무역항으로, 근대에 들어 프랑스와 영국의 조계지가 되어 고딕, 바로크, 신고전주의 양식 같은 유럽 건축물이 많이 남아 있다. 가로수가 늘어선 길은 주강을 바라보며 산책하기 더할 나위 없이 좋다. 또 잘록한 허리를 가진 마천루인 광저우 타워 꼭대기에는 도시의 스카이라인을 내려다보기 좋은 전망대와 관람차가 있다. 이곳 부두에서 유람선을 타고 주강의 야경을 감상해보자.

광저우의 명물인 광동 요리는 남중국해에서 나는 어패류와 아열대 기후의 야채 및 과일을 이용한 신선하고 담백한 요리가 주를 이룬다. 상어지느러미, 제비집, 뱀 등 특이한 식재료 역시 광동 요리의 특징으로 꼽힌다. 흔히 중국 사람들은 '네 다리가 달린 것은 의자만 빼고 다 먹는다'고 하는데, 이는 놀라울 정도로 다채로운 광동 요리를 두고 하는 말이다.

광저우에서 해야 할 일 세 가지

❶ 작은 유럽 샤멘섬 산책하기
❷ 광저우 타워 대관람차 탑승하기
❸ 광동 요리 맛보기

사진 설명

01 광저우에서 가장 오래된 석실 성심 성당 **02** 450미터 높이의 광저우 타워 대관람차 **03** 광저우 야경 명소인 광저우 타워 **04** 이국적인 샤멘섬의 카페 **05** 광동 건축양식과 공예품을 감상할 수 있는 진씨서원

식민지 역사가
남아 있는 곳

중국 속 작은 포르투갈인 마카오는 식민지 시대의 정취를 그대로 간직하고 있다.

중국 마카오 Macau, China

동아시아

01

16세기 중국 남부 광둥성 해안에 포르투갈 상인들이 처음으로 들어온 이래 마카오는 300년간 동양과 서양이 만나는 관문이 되었다. 포르투갈과 중국 양식이 혼합된 옛 건물이 많고 표지판도 포르투갈어와 중국어가 병기되어 이곳이 유럽인지 중국인지 헷갈릴 정도다.

마카오 대부분은 유네스코 세계 문화유산으로 지정되어 있다. 마카오 토착 신을 모신 아마 사원, 인도인 용병이 머물던 무어리시 배럭, 중국 전통 양식을 간직한 만다린 하우스, 포르투갈 거리처럼 조약돌로 포장된 성 아우구스티노 광장, 파스텔 톤의 신고전주의 건물로 둘러싸인 세나두 광장, 화재로 무너져 정면만 남아 있는 성 바울 성당 유적 등 마카오 역사를 보여주는 주요 스폿을 한나절 만에 돌아볼 수 있다.

마카오를 제대로 즐기고 싶다면 매캐니즈 음식을 맛보자. 포르투갈 사람들은 고향에서 가지고 온 향신료와 마카오의 식재료를 사용해 포르투갈 전통 레시피에 따라 요리를 했다. 여기에 중국, 인도, 말레이시아 요리법이 더해져 매캐니즈 음식으로 진화했다. 매캐니즈 음식을 즐기고 싶다면 아마 사원 근처에 위치한 아로차 식당을 추천한다.

마카오는 '동양의 라스베이거스'라는 별명도 있는데 이젠 라스베이거스보다 도박 매출 규모가 더 크다고 한다. 세계에서 가장 큰 카지노인 베니션 마카오는 라스베이거스의 베니션 호텔처럼 베네치아 운하를 재현해놓았다.

마카오에서 해야 할 일 세 가지

❶ 완탕면과 에그타르트 먹기
❷ 마카오 육포와 아몬드 쿠키 쇼핑하기
❸ 매캐니즈 음식 맛보기

사진 설명

01 성 바울 성당 앞 계단 **02** 마카오 타워 야경 **03** 라스베이거스를 떠올리게 하는 카지노 전경 **04** 아름다운 색감과 문양의 세나두 광장 **05** 정통 포르투갈 스타일의 에그타르트 **06** 전통 건축 양식이 고스란히 남아 있는 만다린 하우스

동서양의
교차로

쇼핑의 천국이자 식도락의 도시인 홍콩은
밤이 되면 찬란한 빛을 하늘에 수놓는다.

홍콩 Hong Kong

동아시아

01

02

03

04

05

홍콩은 아편 전쟁과 영국의 식민 통치를 거치며 동서의 교차로가 되어 왔다. 무역, 비즈니스, 관광 면에서 아시아에서 가장 번화하고 발전된 국제 도시이기도 하다. 홍콩은 크게 중국 본토의 구룡반도와 홍콩섬으로 나뉜다. 대부분의 홍콩인들은 좁은 홍콩섬에 몰려 있어 도심 인구 밀도가 매우 높다. 산 중턱까지 아파트가 빽빽하게 들어서 있고 미드레벨 에스컬레이터가 출퇴근 시간에 맞춰 운행한다.

셩완, 센트럴, 완차이로 이어지는 마천루는 홍콩의 상징으로 150미터가 넘은 빌딩이 무려 215개나 있다. 침사추이 해변 산책로에서 빅토리아 항구를 따라 걸으며 홍콩의 스카이라인을 감상해보자. 매일 저녁 8시에는 웅장한 교향악에 맞춰 현란한 조명과 레이저 쇼가 홍콩섬의 빌딩 숲을 수놓는 '심포니 오브 라이트'가 펼쳐진다. 이때 빅토리아 항구 쪽 스타의 거리에 앉아 구경해도 좋지만 중국의 전통 범선인 아쿠아 루나를 타고 홍콩 만을 누벼도 좋다. 또 홍콩섬에서 피크 트램을 타고 올라갈 수 있는 빅토리아 피크도 멋진 전망을 선사한다.

홍콩의 진면목을 보려면 트램을 타야 한다. 보행자가 접근할 때 내는 종소리 때문에 '딩딩'이라고 부르기도 한다. 2층 자리에 앉아 금융가, 화려한 백화점과 쇼핑몰, 식민지 시대의 역사적 명소, 난잡하게 간판이 내걸린 시장 거리와 골목, 아시아 각국에서 온 여행자를 구경해보자.

각 호텔마다 즐비한 파인 다이닝 레스토랑에서 호화로운 한 끼를 즐기거나 홍콩 스타일로 자리 잡은 애프터눈티를 경험하는 것도 좋다.

홍콩에서 해야 할 일 다섯 가지

❶ 센트럴 플라자 전망대 올라가기
❷ 란콰이퐁의 펍과 클럽에서 밤 문화 즐기기
❸ 심포니 오브 라이트 구경하기
❹ 제니 쿠키 쇼핑하기
❺ 홍콩 딤섬 맛보기

사진 설명

01 홍콩의 상징 이층 트램 **02** 빅토리아 파크로 오르는 피크 트램 **03** 홍콩 여행에서 빼놓을 수 없는 딤섬 **04** 홍콩 1급 역사 건축물 블루하우스 **05** 전통 범선인 아쿠아 루나 **06** 홍콩의 아름다운 야경 심포니 오브 라이트 **07** 삼수이포에서 즐기는 길거리 음식 **08** 일명 '스니커즈의 천국'으로 불리는 몽콕의 파윈 거리 **09** 2005년 개장한 디즈니랜드

06

07

08

09

Special.
홍콩의 랜드마크 6

빅토리아 피크 Victoria Peak

홍콩섬 가장 높은 곳에 자리한 빅토리아 피크는 빅토리아 하버부터 홍콩섬 센트럴의 빌딩 숲까지 볼 수 있는 명소로 많은 사람이 찾는다. 이곳까지는 빈티지한 빨간 피크 트램을 타고 오를 수 있는데, 가파른 경사면을 오르는 트램은 130년이 넘는 세월 동안 운행되고 있어 홍콩의 명물로 불린다.

미드 레벨 에스컬레이터 Mid-Levels Escalator

영화 〈중경삼림〉 속에 등장하는 미드레벨 에스컬레이터는 홍콩 센트럴과 미드레벨을 잇는 여러 개의 에스컬레이터와 무빙워크를 가리킨다. 주민들의 교통 편의를 위해 만들어졌으나 지금은 홍콩의 랜드마크가 됐다. 소호 거리로 이동 시 이용하면 좋다.

네이던 로드 Nathan Road

홍콩과 침사추이를 대표하는 번화가 네이던 로드는 침사추이의 심장부에 자리한다. 야간에 그 매력이 한층 돋보이는 곳이며, 홍콩 특유의 반짝이는 간판들이 도로 위를 수놓는 모습으로 유명하다. 홍콩 영화에 단골로 등장하는 명소로 이곳에서만큼은 밤거리를 무작정 걸어봐도 좋다.

템플 스트리트 야시장 Temple Street Night Market

해 질 무렵부터 야루마데이 역 부근과 몽콕 사이에 800미터 길이의 야시장이 열린다. 홍콩에서 가장 큰 시장으로 잡화류와 다양한 기념품 쇼핑은 물론, 식도락까지 즐길 수 있다. 홍콩 여행에서 꼭 먹어봐야 하는 스파이시 크랩도 이곳에서 맛볼 수 있다.

스탠리 마켓 Stanley Market

스탠리 마켓은 바닷가에 위치한 한적한 쇼핑타운으로 복잡한 홍콩 도심과 비교되는 여유로움이 있다. 메인 스트리트를 중심으로 미로처럼 이어진 길에 들어선 150여 개의 상점은 아기자기한 분위기가 물씬 풍긴다. 실크 제품과 잡화 액세서리 등 소소한 쇼핑은 물론 바닷가에 조성된 산책로를 걸을 수 있다.

심포니 오브 라이트 A Symphony of Lights

매일 저녁 8시가 되면 기네스북에 등재된 세계 최고 음악과 레이저 쇼 '심포니 오브 라이트'가 홍콩 밤하늘을 장식한다. 수십 개의 건물이 레이저 쇼에 참가하는데, 아름다운 선율의 교향곡은 홍콩 필하모닉 오케스트라가 연주한 것이다. 침사추이 해변 산책로에서 감상하거나 배를 타고 바다 위에서 즐길 수 있다.

천의 얼굴을 가진 도시

고층 빌딩 숲, 고즈넉한 신사, 패션 스트리트 등 도쿄는 구역마다 색다른 매력을 발산한다.

일본 도쿄 Tokyo, Japan

동아시아

02

03

04

시부야의 스크램블 교차로는 역동적인 도쿄를 단적으로 나타내는 장소다. 신호가 파란불로 바뀌면 여섯 방향에서 천여 명의 사람들이 걸어오지만 서로 부딪히는 일 없이 제 갈 길을 간다. 원래 시부야는 철도가 들어서고 이에 따라 백화점들이 생기면서 도쿄의 주요 상권이 되었다. 요즘은 독특한 매장이나 카페, 레스토랑이 많아 여행자의 필수 코스가 되었다.

도쿄의 메인 스트리트인 긴자 거리는 루이비통, 샤넬, 프라다 등 명품 매장이 밀집된 쇼핑 천국이다. 밤이 되면 네온사인이 번쩍거리는 길거리를 무대로 예술가들이 공연을 펼치곤 한다. 한편 1970~80년대 전자 제품 상가로 알려졌던 아키하바라는 이제 캐릭터 상품, 애니메이션, 코스튬 매장, 만화방으로 유명해졌다. 대중음악 아이돌이나 애니메이션 캐릭터를 사랑하는 팬들이 제각각 독특한 의상을 입고 거리를 활보하여 기상천외한 볼거리가 많다.

아사쿠사는 도쿄의 옛 모습을 간직한 곳 중 하나다. 붉은 제등이 걸린 가미나리몬 문은 아사쿠사의 상징이며, 아카사카의 신사는 울창한 숲에 둘러싸여 적막하다. 현지 특산물을 파는 떠들썩한 상점가 나카미세도리를 지나면 도쿄에서 가장 유명한 절 센소지가 나온다.

도쿄 대학과 메이지 대학 주변에 있는 진보초의 서점 거리에는 헌책을 구경하는 현지인이 많다. 가구라자카의 좁은 골목길은 과거 게이샤가 활약하던 유흥가였으나 이제는 전통 찻집과 갤러리가 자리한다.

도쿄에서 해야 할 일 다섯 가지

❶ 스카이트리 전망대에서 야경 감상하기
❷ 츠키지 수산시장에서 카이센동 먹어보기
❸ 아사쿠사의 상점가에서 기념품 쇼핑하기
❹ 왕궁이 있는 고쿄히가시교엔 산책하기
❺ 긴자 거리 구경하기

사진 설명

01 많은 사람들이 오가는 시부야 스크램블 교차로 전경 **02** '오타쿠 문화'의 발원지 아키하바라 전자 제품 상가 **03** 도쿄 타워가 보이는 야경 **04** 일본인들이 좋아하는 아사쿠사 **05** 빈티지한 감성을 느끼는 진보초 거리 **06** 명품 브랜드가 즐비한 긴자 거리 **07** 산책하기 좋은 도쿄 대학 **08** 츠키지 수산시장에서 즐기는 카이센동

05

06

07

08

고즈넉한
천년 고도

교토의 옛 골목과 정갈한 정원은 단순성과 조화를
지향하는 일본 문화를 단적으로 보여준다.

일본 교토 Kyoto, Japan

동아시아

01

02

03

04

05

오랜 세월 일본의 수도였으며 일본 전통 문화의 중심지로 골목골목 고즈넉한 분위기를 물씬 풍긴다. 사계절 모두 매력적이지만 그중에서도 봄은 교토의 벚꽃을 보기에 더할 나위 없이 좋은 계절이다. 벚나무가 늘어선 철학의 길을 따라 난젠지에서 산책을 해보자.

긴카쿠지에서는 수면에 비치는 아름다운 절과 절제미가 돋보이는 일본식 정원을 거닐 수 있다. 긴카쿠지의 정원은 마른 모래와 자갈을 세심하게 다듬고 홈을 그어 불교 선종의 가르침을 형상화했다. 일본식 정원의 대표작인 료안지 정원은 흰 자갈로 바다를 표현하고 그 위에 15개의 바위를 섬처럼 배치해 소우주를 표현했다.

교토를 가로지르는 가모가와강을 따라 꽃놀이를 즐기다 보면 흰 발을 내린 깔끔한 상점가와 전통 가부키 극장이 있는 기온 거리가 나온다. 대나무 울타리를 친 전통 목조 가옥을 배경으로 얼굴에 하얀 분을 바르고 입술을 빨갛게 칠한 게이샤를 만날 수도 있다.

시조도리 거리 끝에는 7세기에 세워진 야사카 신사가 자리 잡고 있다. 해마다 7월이 되면 이곳 신사에서 기온 마츠리가 열려 전통 복장을 입은 사람들이 가마 행렬을 벌인다. 역병 퇴치를 기원한 데서 비롯된 이 축제는 신의 전령 역할을 할 소년을 뽑아서 가마에 태우고 시내 곳곳을 돈다.

야사카 신사에서 산넨자카와 니넨자카 골목길을 따라 걷다 보면 기요미즈데라가 나온다. 육중한 나무 기둥 위에 노송나무 껍질을 두껍게 이어 붙인 사찰 본당 앞에는 산이 내려다보이는 무대가 있다. 이곳 난간 위에 있으면 교토 시내가 한눈에 보인다. 도시 서쪽에 있는 아라시야마는 고요한 대나무 숲, 가을에는 단풍이 아름답기로도 유명하다.

교토에서 해야 할 일 다섯 가지

❶ 후시미 이나리 신사 길 산책하기
❷ 교토 타워 전망대에서 야경 감상하기
❸ 가이세키 코스 요리 먹어보기
❹ 교토 화과자와 우지 녹차 쇼핑하기
❺ 기온 거리에서 기모노 입어보기

06

07

08

사진 설명

01 여행자들의 필수 코스 니넨자카와 산넨자카 **02** 건강, 학업, 연애에 효험이 있다는 오토와 폭포, 기요미즈데라 **03** 고즈넉한 산책을 즐길 수 있는 철학의 길 **04** 교토 근교에 위치한 후시미 이나리 신사 **05** 일본식 정원의 진수 긴카쿠지 **06** 교토를 가로지르는 가모가와강 **07** 아라시야마 대나무 숲 **08** 교토의 대표 축제 기온 마츠리

화려한 미식의 도시

언제든 떠날 수 있을 만큼 가까운 오사카는 바쁜 일상에 지친 현대인에게 힐링을 선사한다.

일본 오사카 Osaka, Japan

동아시아

01

02

03

04

05

일본 제2의 도시로 불리는 오사카에서는 시간, 비용, 볼거리 삼박자가 어우러진 여행을 즐길 수 있다. '일본의 부엌' 또는 '미식의 천국'이라는 수식어가 붙을 만큼 다양한 먹거리, 화려하고 볼거리가 넘치는 도톤보리, 오사카의 역사를 간직한 오사카성, 도심 속 정원 우메다 공중정원과 독특한 분위기의 신세카이가 있어 다양한 도심 관광을 즐기기에 좋다.

180여 개의 상점이 밀집한 신사이바시스지는 낮과 밤 언제든지 방문해도 좋다. 각종 드러그스토어와 상점, 오사카 대표 맛집이 빼곡히 들어서 있어 쇼핑과 식도락을 즐기기에 제격이다. 도톤보리의 매력은 야간에 드러나는데 밤이 되면 개성 있는 디자인의 초대형 간판과 화려한 네온사인이 강변 분위기를 한껏 고조시킨다. 오사카 대표 야경으로 손꼽히는 만큼 오사카를 방문하는 여행객의 인증샷 명소로 유명하다. 도톤보리에서의 야경 감상이 끝났다면 다시 식도락을 즐길 차례. 도톤보리 골목에 모인 유명 맛집을 탐방하거나 소규모 선술집이 모여있는 작은 골목 호젠지 요코초에서 심야식당 분위기를 즐기며 오코노미야키에 맥주 한 잔 기울여도 좋다.

오사카성은 오사카의 역사와 문화, 관광을 대표하는 랜드마크다. 성안 공원은 아름답기로 소문난 녹지로 시민들과 관광객들에게 완벽한 휴식처를 제공한다. 봄에는 벚꽃, 가을에는 단풍, 겨울에는 설경으로 유명한데 일본 전통미를 자아내는 천수각과 어우러져 조화로운 풍경을 이룬다.

색다른 재미를 찾는다면 유니버설 스튜디오 재팬이나 베이 에어리어 지역에 위치한 가이유칸을 추천한다. 할리우드의 유명 영화를 테마로 꾸며진 놀이공원부터 수족관, 11.25미터에 달하는 덴포잔 대관람차까지 즐길거리가 가득하다.

오사카에서 해야 할 일 다섯 가지

❶ 도톤보리 글리코상 앞에서 인증사진 찍기
❷ 구로몬 시장 구경하고 시장 음식 맛보기
❸ 오사카성 공원 산책하고 사색 즐기기
❹ 유니버설 스튜디오 즐기기
❺ 우메다 공중정원에서 도심 야경 감상하기

06

07

08

사진 설명

01 도톤보리에서 꼭 맛봐야 할 타코야키 **02** 도톤보리 에비스 다리, 오른쪽에 글리코상 **03** 도심 속에 자리한 오사카성 **04** 천수각에서 바라본 도심 전경 **05** 유니버설 스튜디오의 해리 포터 구역 **06** 우메다 공중정원에서 본 도심 야경 **07** 신세카이의 상징 츠텐카쿠 **08** 일본에서 가장 큰 덴포잔 대관람차와 가이유칸

눈과
라벤더의 도시

여름에는 보랏빛 라벤더가 일렁이고 겨울에는
새하얀 눈이 온 세상을 덮는 삿포로를 만나 보자.

일본 삿포로 Sapporo, Japan

동아시아

01

02

03

04

일본 북쪽, 홋카이도의 대도시인 삿포로는 연평균 기온이 섭씨 8도로 다른 지역에 비해 서늘한 편이다. '눈의 도시'라는 별명처럼 겨울이면 새하얀 눈이 도시에 가득 쌓인다. 세계 3대 겨울 축제인 삿포로 눈축제도 이곳에서 열린다. 여름에는 삿포로 맥주 축제나 보랏빛 물결이 일렁이는 라벤더 밭을 즐겨도 좋다.

도심 여행과 자연을 만나는 여행, 두 가지를 모두 할 수 있는 곳이 바로 삿포로다. 시내에서는 가장 유명한 스스키노 거리를 걷거나, 붉은 벽돌의 홋카이도청 구 본청사와 새하얀 시계탑을 방문해보자. 도심 중앙의 오도리 공원 끝에 있는 삿포로의 랜드마크, 삿포로 TV 타워와 함께 인증 사진을 찍는 것도 잊지 말 것. 삿포로 눈축제, 삿포로 여름축제 등도 이곳에서 열린다.

홋카이도의 맛있는 먹거리도 빼먹을 수 없다. 삿포로 맥주박물관에서 신선한 맥주를 마시고, 양고기와 채소를 함께 구워 먹는 징기스칸, 털게, 스프카레, 달달한 멜론과 버터를 넣은 감자와 오징어 젓갈을 함께 먹는 자카바타까지. 라멘요코초에서 다양한 종류의 라멘도 먹어 보자.

밤에는 모이와산 로프웨이 케이블카를 타고 정상까지 올라가 화려한 야경을 감상할 수 있다. 동화처럼 아기자기한 도시 오타루와 청정 자연을 품은 비에이, 후라노 등 삿포로 근교도 기회가 되면 꼭 가보자. 시간 여유가 된다면 조잔케이 등 근교 온천마을을 찾는 것도 좋다. 특히 함박눈 내리는 겨울날 노천탕에서 바라보는 밤하늘은 잊지 못할 추억을 선사할 것이다.

삿포로에서 해야 할 일 다섯 가지

❶ 삿포로 맥주박물관 방문하기
❷ 겨울의 눈축제 즐기기
❸ 모이와산에서 화려한 야경 보기
❹ 징기스칸, 털게 맛보기
❺ 근교 도시 오타루 당일치기로 다녀오기

사진 설명

01 눈에 덮인 홋카이도청 구 본청사 **02** 삿포로 맥주 박물관에서 마시는 맥주 **03** 오도리 공원의 TV 타워 **04** 모이와산에서 본 도심 야경 **05** 삿포로 근교 후라노의 라벤더 밭 **06** 삿포로 도심에서 자동차로 1시간 거리에 위치한 조잔케이 **07** 오타루의 아름다운 운하 **08** 삿포로 별미 징기스칸

05

06

07

08

백만 불짜리 야경 도시

세토 내해에 자리 잡은 고베는 19세기 개항한 이래 일본과 세계를 이어주는 창구였다. 덕분에 이국적인 풍경과 멋을 간직하고 있다.

일본 고베 Kobe, Japan

동아시아

01

02
Rhenania

03

04
老祥記

05

산노미야역에 내리면 고베 여행이 시작된다. 개항기에 서양 거류민들이 지은 건물을 '이진칸'이라고 하는데, 산노미야와 가까운 기타노이진칸에는 영국 영사관처럼 100년이 넘은 서양식 건물과 공방, 카페가 많다. 특히 지붕 위에 수탉 모양의 풍향계를 달아놓은 독일식 저택인 풍향계의 집, 돌출 창문이 인상적인 녹색의 집, 외벽을 슬레이트로 마감한 비늘의 집처럼 제각각의 특징을 가진 건물들이 눈길을 끈다.

기타노초의 옛 거리를 걷다 보면 이쿠타 신사의 입구를 나타내는 문인 붉은 도리이에 이른다. 태양의 여신을 모신 이쿠타 신사는 1800년이 넘는 역사를 지니고 있으며, 이곳에 있는 스기노키라는 나무를 만지고 기도하면 인연이 이뤄진다는 얘기가 있다.

한편 고베에는 옛부터 중국인들도 많이 살아 일본 4대 차이나타운 중 하나로 꼽히는 난킨마치가 있다. 하얀 장안문을 지나면 십자로를 따라 붉은 간판을 내건 중국 음식점과 가게, 팔각정, 동자상이 작은 중국을 이루고 있다. 이곳 명물인 돼지고기 만두인 '부타만'도 빼놓지 말고 먹어보자. 그 옆으로는 예로부터 고베의 도심이었던 모토마치 상점가가 있어 쇼핑을 하기도 편리하다. 그리고 바다를 따라 산책로와 대관람차, 포트타워가 있는 하버랜드는 고베의 야경을 즐기기에 좋은 곳으로 꼽힌다.

고베에서 해야 할 일 세 가지

❶ 기타노이진칸 거리 산책하기
❷ 고베규 맛보기
❸ 하버랜드 야경 감상하기

사진 설명

01 하버랜드의 아름다운 야경 **02** 기타노이진칸 풍향계의 집 **03** 간 요리에 푸아그라가 있다면 스테이크는 고베규 **04** 먹을거리가 다양한 난킨마치 **05** 현지인들이 소원을 빌러 찾는 이쿠타 신사 **06** 도쿄 오다이바의 건담과 비교되는 고베의 철인28호 조형물

일본 속
또 다른 일본

에메랄드 빛 바다가 품은 섬 오키나와는 볼거리와 즐길거리가 풍성하다. 우리나라에서 두 시간 남짓이면 눈 앞에 천국이 펼쳐진다.

일본 오키나와 Okinawa, Japan

동아시아

01

에메랄드빛 투명한 바다로 유명한 오키나와는 천혜의 자연환경을 갖춘 섬으로 일본 최남단에 자리한다. 서울시 면적의 두 배 크기인 오키나와 본섬은 번화가인 나하, 북부, 중부, 남부 지역으로 이뤄져 있다. 섬 내 명소까지는 렌터카나 시내버스를 타고 이동할 수 있다.

오키나와의 해변은 어느 곳 하나 빼기 아쉬울 만큼 아름답다. 바다에서 좀 더 특별한 시간을 만끽하고 싶다면 스노클링이나 스쿠버다이빙에 도전해볼 수 있다. 자연이 만들어낸 천혜의 풍경 중 최고로 만좌모를 꼽는데 이곳 들판 아래 석회암 절벽과 바다가 펼쳐진 풍경은 그야말로 절경이다. 당일치기로 남부의 섬들을 여행하거나 바다 뷰가 멋진 카페 투어를 하는 것도 좋다.

오키나와는 일본 속 또 다른 일본으로 불린다. 450여 년간 오키나와에 존속했던 류큐 왕국은 19세기 중반 일본에 합병되기 이전까지 아시아 내 여러 나라와 교역을 통해 독자적인 문화를 꽃피웠다. 전통문화 테마파크는 오키나와의 역사와 문화체험으로 제격인 장소다. 오키나와 월드는 전통 가옥을 재현해놓은 민속촌과 종유석 동굴, 에이샤 민속공연을 관람할 수 있는 섬 내 인기 관광지다. 유네스코 세계문화유산으로 지정된 나키진 옛 성터를 둘러보고, 가까운 고우리섬을 방문하는 코스도 인기다. 고우리섬은 하트 모양의 바위와 듀공 전설로 연인들의 필수 코스다.

오키나와에서 해야 할 일 세 가지

❶ 추라우미 수족관에서 고래상어 만나기
❷ 나하 국제거리에서 쇼핑과 식도락 즐기기
❸ 이시가키섬, 미야기섬 여행하기

사진 설명

01 아시가키섬의 카비라 베이 비치 **02** 오키나와를 테마로 류큐 왕국의 민가를 재현한 류큐무라 민속촌 **03** 추라우미 수족관의 고래상어 **04** 오키나와 바다를 제대로 즐기는 스노클링 **05** 코끼리의 모습을 한 만좌모 **06** 고우리섬의 랜드마크 하트 모양 바위

03

04

05

06

Special.

일본 지역별 대표 음식 6

도쿄 초밥

전 세계에서 높은 인기를 누리고 있는 음식으로 여행객이 현지에서 먹고 싶은 음식 1순위다. 도쿄는 바닷가에 있어 도심 어느 곳에서든 갓 잡은 해산물로 만든 초밥을 맛볼 수 있는데 100엔에 스시 한 접시를 파는 회전 초밥 가게부터 긴자의 고급 스시 전문점까지 선택의 폭이 넓다.

삿포로 라멘

중화면에서 유래된 리멘은 20세기 초 패전 후 굶주림에 시달리던 일본인들의 배를 채워주며 발전했다. 삿포로는 하카타, 기타카타와 함께 일본에서 라멘으로 유명한 3대 고장에 속한다. 라멘은 보통 돼지고기, 닭 뼈 등을 우린 육수로 만드는데, 삿포로 라멘에는 추가로 일본 된장인 미소가 들어가 깔끔한 맛이 난다.

오사카 타코야키

밀가루 반죽에 잘게 썬 문어를 넣고 구운 타코야키. 예로부터 상업 도시였던 오사카의 상인들은 밤낮으로 일해야 하는 까닭에 간식을 든든히 먹었다. 밀가루 반죽을 철판에 구운 간편식이 인기였는데, 문어가 들어가며 타코야키가 탄생했다. 제2차 세계대전 이후 오사카 일대에 타코야키 포장마차들이 생겨나며 지역 명물로 자리 잡았다.

오키나와 소바

오키나와에서는 메밀이 아닌 밀가루로 소바를 만든다. 육수는 돼지 뼈, 가츠오부시, 다시마를 사용하며 소금과 간장으로 간을 맞춘다. 고추를 아와모리에 절여 만든 코레구스라는 양념이 있어 기호에 따라 매콤하게 먹을 수도 있다. 위에 올라가는 토핑에 따라 메뉴가 달라지며 육수는 돈코츠 라멘, 면발은 우리네 칼국수처럼 도톰하다.

고베 와규

고베 효고현에서 생산되는 최고급 품질의 흑우를 지칭하며 일명 '고베규'라고 부른다. 맛이 뛰어나 전 세계적으로 최고급 소고기로 꼽힌다. 사육과정에서 육질을 부드럽게 하려고 정기적으로 마사지를 하는데 덕분에 촘촘하고 규칙적인 마블링으로 유명하다. 센 불에 겉만 살짝 구우면 캐러멜처럼 바삭하고 속은 촉촉하니 부드럽게 녹는다

오사카 오코노미야키

빈대떡과 비슷한 오코노미야키는 밀가루 반죽에 채소, 고기, 해산물을 섞어 철판에 구워 만드는 오사카식이 가장 인기다. 일본어로 '오코노미(좋아하는 것)'와 '야키(굽다)'가 합해져 만들어진 이름처럼 취향에 맞는 재료를 양껏 넣어 철판에 구워 먹는다.

대자연과의
조화

남반구의 뜨거운 햇살이 가득 비치는 시드니.
본다이 모래사장에서 일광욕을 하거나 쿠지 해변을 걸으며
도심의 랜드마크를 즐겨보자.

호주 시드니 Sydney, Australia

오세아니아

01

02

03

04

스카이라인과 항구가 어우러진 시드니 하버는 이 도시의 자랑이다. 이곳 부두는 '서큘러 키'라고 하는데, 19세기 건물들과 페리 선착장, 식물원, 그리고 오페라 하우스가 자리 잡고 있다. 조개 껍질이 겹쳐진 모양인 오페라 하우스는 기존 건축 양식과 공학적 한계를 뛰어넘은 창의적 형태 덕분에 20세기를 대표하는 건축물로 손꼽힌다. 시드니에서 대부분의 클래식 음악 및 오페라 공연은 이곳에서 개최된다. 공연을 보지 않더라도 건축물을 둘러보거나 내부 투어를 하려는 관광객이 몰린다.

한편 하버브리지는 세계에서 네 번째로 긴 아치교로 완만하게 휘어지는 철제 아치 때문에 '옷걸이'라는 별명이 있다. 다리 보행로를 따라 걸으면서 하버의 풍경을 즐겨도 좋고 아치를 따라 134미터 정상까지 등반에 도전할 수도 있다.

서핑과 수영을 좋아한다면 시드니 도심에서 버스로 15분 거리인 본다이 해변으로 가보자. 에메랄드빛 바다에서 서핑을 즐길 수 있다. 여기서 브론테 해변을 거쳐 쿠지 해변까지 이어지는 절벽 트레일은 가파른 오르막길이 없어 여유롭게 사우스코스트의 자연을 만끽할 수 있다. 작은 오아시스 같은 고든스베이는 스쿠버 다이빙과 스노클링을 하기에 좋다.

오스트레일리아의 야생을 체험하려면 블루마운틴 국립공원에서 울창한 유칼립투스 숲, 사암 협곡, 지하 동굴, 폭포 사이로 산악자전거를 타거나 암벽 등반에 도전해보자. 유칼립투스는 푸른빛을 띠는데, 곳곳에 붉은 사암 절벽이 드러나 근사한 풍경을 연출한다. 특히 에코포인트 전망대에서 바라보는 '세 자매 봉'의 경치는 블루마운틴 하이킹의 백미다.

시드니에서 해야 할 일 다섯 가지

❶ 베지마이트와 초콜릿 과자 팀탐 쇼핑하기
❷ 본다이 해변에서 서핑하기
❸ 시드니 타워 아이 전망대 올라가기
❹ 바랑가루 공원에서 원주민 문화 투어하기
❺ 블루마운틴 국립공원 하이킹하기

05

06

07

사진 설명

01 오페라하우스와 서큘러 키 전경 **02** 멀리 보이는 하버브리지 풍경 **03** 유네스코 세계문화유산으로 지정된 블루마운틴 국립공원 **04** 현지인들이 사랑하는 본다이 비치 **05** 본다이 비치 옆에 위치한 아이스버그 수영장 **06** 오페라하우스 메인 콘서트홀 **07** 빛의 축제 기간 중 오페라하우스 야경

매력적인 정원 도시

다채로운 식문화와 커피, 공연 예술, 스포츠까지 모든 것을 갖춘 항구 도시. 멜버른은 호주의 문화 수도라고 불린다.

호주 멜버른 Melbourne, Australia

오세아니아

01

02

04

03

05

라이곤 스트리트에 가면 이탈리아식 피자를 굽는 구수한 향기가 가득하고, 노천 카페에 앉은 사람들은 에스프레소를 즐긴다. '리틀 사이공'이라고도 불리는 리치몬드 스트리트에는 베트남 음식점이 늘어서 있고, 리틀 버크 스트리트에는 차이나타운이 있다. 스완스톤 스트리트에 가면 흡사 그리스에 온 듯하고, 시드니 로드는 마치 터키처럼 느껴진다. 이곳은 남반구의 메트로폴리탄, 바로 멜버른이다.

세계에서 제일 살기 좋은 도시로 꼽히는 멜버른은 고풍스러운 빅토리아 시대 건축물과 초현대식 고층 빌딩이 조화를 이룬다. 또 우아한 공원과 정원이 곳곳에 있어 '정원의 도시'로 불리기도 한다. 진귀한 식물과 아름다운 호수가 있는 왕립 식물원, 박물관과 왕립 전시장을 중심으로 정교하게 가꾼 칼튼 정원, 18세기 영국 전원 풍경을 그대로 따온 듯한 피츠로이 가든도 빼놓을 수 없다.

도심을 벗어나 단데농 산맥, 그램피언스에서는 펭귄과 코알라도 만날 수 있다. 그레이트 오션 로드에는 파도와 바람이 빚어낸 석회암 기둥인 12사도 바위가 웅장한 파노라마를 연출한다.

멜버른에서 해야 할 일 세 가지

❶ 그레이트 오션 로드 드라이브하기
❷ 디그레이브스 거리에서 롱블랙 커피 마시기
❸ 멜버른 크리켓 그라운드에서 크리켓과 호주식 축구 경기 관전하기

사진 설명

01 멜버른 왕립 전시장 **02** 하드웨어 레인의 노천카페와 레스토랑 **03** 호수가 있는 왕립 식물원 풍경 **04** 그레이트 오션 로드를 따라 가면 만나는 12사도 바위 **05** '토마스와 친구들'의 실제 모델인 증기 기관차 퍼핑 빌리 **06** 멜버른 크리켓 그라운드

푸른
항구 도시

도시와 자연, 두 개의 다른 매력이 공존하는 오클랜드의 풍경에 여행자는 금세 빠져든다.

뉴질랜드 오클랜드

Auckland, New Zealand

오세아니아

01

남태평양을 마주하는 오클랜드는 뉴질랜드 북섬에서도 규모가 큰 항구 도시다. 유람선과 요트가 정박해 있는 항구의 활기찬 풍경, 도시 주변을 둘러싼 멋진 자연이 여행자에게 큰 감동을 준다. 수많은 요트와 함께 사진을 찍고 싶다면 비아덕트 하버로 가자.

오클랜드의 핫플레이스는 유럽풍의 거리 파넬 로드다. 카페와 레스토랑, 여러 물건을 파는 상점이 많아 언제나 젊은이들로 북적인다. 굵직한 나무가 곳곳에 서 있는 콘월 파크는 현지인들이 사랑하는 공원이다. 그중에서도 화산이 폭발하면서 생긴 언덕, 원트리힐로 가면 넓게 펼쳐진 평야 너머로 시내와 바다 풍경도 한눈에 담을 수 있다.

도시의 상징과도 같은 스카이 타워에서는 화려한 도시의 야경을 누리거나 아슬아슬한 스카이 워크를 걸어보는 것도 좋다. 하버 브리지 또한 액티비티한 오클랜드 명소 중 하나. 이곳에서 용감하게 번지점프를 하는 사람들을 종종 볼 수 있다.

남태평양의 푸른 바다의 진수를 맛보려면 미션 베이에서 충분하다. 바닥이 비쳐 보일듯이 맑고 깨끗한 물은 과연 도시와 인접한 바다가 맞는지 의심이 될 정도다. 영화 〈반지의 제왕〉을 좋아한다면 오클랜드에서 2시간 거리에 있는 영화 촬영지, 호비튼 마을도 놓쳐선 안 된다.

오클랜드에서 해야 할 일 세 가지

❶ 호비튼 마을 방문하기
❷ 하버 브리지에서 번지 점프하기
❸ 원트리힐에서 기념사진 찍기

사진 설명

01 시빌 바셋 VC 전망대에서 본 도심 전경 **02** 비아덕트 항구에 정박한 요트들 **03** 영화 속 모습 그대로 남아 있는 호비튼 마을 **04** 스카이 타워의 번지 점프 **05** 레스토랑과 숍이 즐비한 파넬 로드 **06** 현지인들이 사랑하는 콘월 파크

03

04

05

06

Special.

호주 & 뉴질랜드 여행 팁 6

면적 이해하기

호주는 한국보다 76배, 뉴질랜드는 3배나 크므로 장기 여행이 아니라면 한 번에 모두 둘러보기란 불가능에 가깝다. 호주는 주마다 볼 것이 많아 한 주만 집중적으로 여행해도 좋다. 호주와 뉴질랜드는 거리가 멀어 비행기로 오간다.

여행 시기

남반구에 위치한 호주는 우리와 계절이 정반대로 넓은 면적만큼이나 지역에 따라 기후도 다양하다. 여름인 12월부터 2월까지 남부 시드니와 멜버른을 여행하기에 좋고, 겨울인 6월부터 8월까지는 북부의 퀸즐랜드, 중부 울룰루 등을 여행하면 좋다. 남북을 동시에 여행하기에 좋은 계절은 늦봄과 초가을이다.

뉴질랜드 남섬 vs 북섬

마오리족 문화가 자리 잡은 북섬은 화산 지형으로 제주도를 연상시킨다. 지열 지대 탐험과 온천욕, 해수욕이 발달했는데 영화 〈반지의 제왕〉 촬영지로도 유명하다. 알프스를 연상시키는 남섬은 빙하와 열대 우림이 함께 있는 특이한 지형으로 피오르, 트레킹이 유명하며 퀸스타운에서는 액티비티를 즐길 수 있다.

필수 준비물

여름에는 기온이 높고 습도가 낮은 지역이 많은데 어디를 여행하든지 자외선이 매우 강해 선글라스, 선크림, 모자는 필수로 챙겨야 한다. 하루에 사계절이 다 있다고 불릴 만큼 일교차가 큰 지역이 많아 지역에 따라 봄부터 가을까지 겉옷을 필수로 챙겨야 한다.

야생 동물

호주 해변은 수영하기 안전한 구역을 빨간색과 노란색 깃발로 표기하고 있다. 퀸즐랜드 해변의 경우 수영 중 독침이 있는 해양 생물과 악어를 만날 수도 있어 조심해야 한다. 자동차로 호주를 여행할 경우 도로 위로 갑자기 캥거루나 왈라비와 같은 야생 동물이 튀어나올 수 있으므로 주의해야 한다.

시간 체크하기

여름인 12월은 낮이 가장 긴 시기로 지역에 따라 저녁 7~10시 사이에 해가 진다. 겨울인 6월은 낮이 가장 짧은 시기로 오후 5시를 전후하여 해가 진다. 호주의 5개 주와 뉴질랜드는 10월 첫째 일요일부터 4월 첫째 일요일까지 표준시보다 시각을 앞당기는 서머타임을 적용하니 여행 중 참고하자.

Plus.

아시아 여행 미리 떠나기

영화 〈중경삼림(Chungking Express, 1994)〉

홍콩을 배경으로 네 사람의 짧은 만남과 단절을 그린 영화. 빽빽하게 늘어선 건물 사이로 뻗은 미드레벨 에스컬레이터, 샌드위치 가게와 바가 있던 란콰이퐁 번화가, 낡고 좁은 복도로 이어진 아파트 청킹 맨션 등 홍콩 특유의 몽환적인 분위기를 느낄 수 있다.

영화 〈북 오브 러브(Book Of Love, 2016)〉

마카오의 카지노 딜러 지아오는 우연히 《채링 크로스 84번지》라는 책이 계기가 되어 로스앤젤레스에 있는 낯선 이와 편지를 주고받는다. 물결치는 벽면이 둘러친 MGM 마카오의 도박장에서 구시가의 소박한 골목까지 마카오 사람들의 일상을 생생하게 보여준다.

영화 〈호우시절(好雨時節, 2009)〉

청두로 출장을 온 동하는 바쁜 중에도 당나라 때 시인 두보가 대나무 숲에서 시를 지었다는 두보초당을 찾는다. 동하는 이곳에서 우연히 옛 사랑 메이를 만난다. 청두의 거리에서 두 사람은 '좋은 비는 때를 알고 내린다'는 두보의 시구를 이야기하며 흘러간 사랑을 떠올린다.

영화 〈타이페이 스토리(Taipei Story, 1985)〉

수첸은 새로운 미래에 적응하며 커리어 우먼의 삶을 택하고 남자친구 아룽은 과거에 안주하며 두 연인의 관계는 권태로 치닫는다. 어지럽게 솟은 고층 건물의 옥상, 현란한 광고판, 쉴 새 없이 자동차가 지나가는 사거리 등 급속한 도시화를 겪던 1980년대 타이베이를 엿볼 수 있다.

영화 〈크레이지 리치 아시안(Crazy Rich Asians, 2018)〉

뉴요커 레이첼은 남자친구 닉을 따라 싱가포르에 와서야 남자친구가 유력 가문의 후계자임을 알게 된다. 싱가포르는 이런 '미친 듯한 부자'의 삶을 나타내기에 더없이 좋은 배경이 된다. 두 사람은 오차드 로드의 뉴턴 푸드 센터에서 로컬 음식을 먹고, 차임스 홀에서는 친구의 감동적인 결혼식이 열리기도 한다. 또한 마리나 베이 샌즈와 가든스 바이 더 베이에서 열리는 초호화 파티도 인상적이다.

영화 〈언어의 정원(The Garden of Words, 2013)〉

구두장이를 꿈꾸는 다카오와 고전 교사 유카리는 비 내리는 날 아침마다 신주쿠 교엔의 정원에서 만남을 이어간다. 도쿄도청 등 고층 건물이 밀집한 신주쿠의 거리, JR 기차역 플랫폼, 신주쿠 교엔의 일본 정원 등 도쿄의 풍경을 생생하게 묘사한 애니메이션이다.